云南元江干热河谷
常见植物图鉴

主　编 ◎ 柴　勇　李贵祥
副主编 ◎ 和丽萍　马赛宇　李孙玲　孙绪伟

中国林業出版社
CFPH China Forestry Publishing House

图书在版编目（CIP）数据

云南元江干热河谷常见植物图鉴 / 柴勇，李贵祥主编 . -- 北京：中国林业出版社，2022.5
ISBN 978-7-5219-1614-0

Ⅰ . ①云… Ⅱ . ①柴… ②李… Ⅲ . ①河谷－植物－元江哈尼族彝族傣族自治县－图谱 Ⅳ . ① Q948.527.44-64

中国版本图书馆 CIP 数据核字 (2022) 第 048373 号

内容简介

本书以 1200 余幅彩色照片和简练的文字，直观形象地展示了云南元江干热河谷 400 种常见植物的形态特征、分布及用途，是一本集科学性、知识性、艺术性和趣味性于一体的干热河谷特殊生境植物图鉴，可供植物分类学、植物资源学、恢复生态学、林业和草原等学科及其相关学科的科研、教学、生产人员及植物爱好者参考使用。

责任编辑 于晓文　　**电话** （010）83143549

出版发行 中国林业出版社有限公司
（100009 北京西城区德内大街刘海胡同 7 号）
网　址 http://www.forestry.gov.cn/lycb.html
印　刷 河北华商印刷有限公司
版　次 2022 年 5 月第 1 版
印　次 2022 年 5 月第 1 次印刷
开　本 787mm × 1092mm　1/16
印　张 14.25
字　数 300 千字
定　价 128.00 元

《云南元江干热河谷常见植物图鉴》
编辑委员会

完成单位　云南省林业和草原科学院

主　　编　柴　勇　李贵祥

副 主 编　和丽萍　马赛宇　李孙玲　孙绪伟

参编人员　柴　勇　李贵祥　和丽萍　马赛宇　李孙玲　孙绪伟
　　　　　孟广涛　郑益兴　刘　峰　刘玉国　张正海　毕　波
　　　　　蔡雨新　尹艾萍　杨　倩　李品荣　武　力

统　　稿　柴　勇　李贵祥　和丽萍　孙绪伟

摄　　影　柴　勇　孙绪伟　李贵祥　和丽萍　郑益兴　刘　峰

前　言

云南的干热河谷主要分布在元江、怒江、金沙江和澜沧江的部分深切河谷，海拔大致介于300~1600米之间，主要气候特征是“干”和“热”，年平均气温在21℃以上，≥10℃ 年积温7500 ℃以上，年降水量600~1200毫米，年蒸发量大于年降水量的3~4 倍。受地理位置、地貌地势、气候条件、人为干扰等自然生态因素综合影响，云南干热河谷植被的群落类型、生态结构、外貌景观、种类组成及动态演替等都表现出极大的独特性、稀有性、多样性，并在河谷间呈现巨大差异。金振洲先生通过与世界上同类植被的对比，确定云南元江、怒江、金沙江、澜沧江四大江干热河谷植被为“河谷型萨王纳植被（Savanna of valley type）”，与北非的萨王纳植被有一定的相似性。这类植被以草本为主，其间散生灌木和乔木，在《云南植被》中亦称为“干热性稀树灌木草丛”。在长期人为干扰下这类植被带有不同程度的次生性，表现为群落结构变化较大，有的具有乔木、灌木和草本3层，有的有灌木而无乔木，或有乔木而少见灌木，但群落以草为主这一特征是共同的。在植物种类组成上，多数为热带性（或热带起源）耐干旱的种类，并有长期适应干热河谷环境的群落特征种和植物区系标志种。元江干热河谷位于云南高原的中南部，呈西北至东南走向，西北上游为南涧河河谷和绿汁江河谷，经楚雄、双柏、新平、元江、红河、元阳至蒙自曼耗河谷，全长约220千米。因受其西南侧哀牢山脉及无量山脉（峰线高度均在3000米左右）的双重阻挡，来自孟加拉湾的西南季风暖湿气流在迎风面丢失雨水，在背风面形成干旱雨影区，“焚风效应”使得元江深陷河谷尤为干旱，形成的河谷型萨王纳植被也更具典型性和代表性。

笔者对干热河谷的最早认识始于学生时期的一次尴尬经历。当时尚在西南林业大学读研究生，曾随导师李乡旺老师赴云南建水等地干热河谷区开展石漠化治理试验研究。一天中午因实验需要，李老师派我去野外采集一些植物材料，当我徒步数公里汗流浃背赶到试验地时才发现自己忘记问清楚它们是长啥样子。当时既感叹这些植物石缝里求生存的顽强，又懊恼于它们为啥都长一个样，根本分辨不清到底哪种是需要采集的植物。烈日炎炎，荒野恹恹，所有林灌杂草都耷拉着脑袋，我不认识它，它也不认识我。彼时手机尚未普及，得不到及时的帮助，我只好顶着似火骄阳彷徨取样，采回的材料自然多半非目的种类。当天李老师见我久去未归，深感担忧，还派了一位师弟来接应。就这样，我初次领略了干热河谷的“热”，也体会了不识植物的尴尬与无助。后来每次再到干热河谷区，我都会有意无意地拍摄一些植物图片进行鉴定和整理。2019年开始，受国家自然科学基金资助，我们对元江干热河谷群落构建机制开展相关研究，从而又收集积累了一些该区域的植物图片。现将这些植物图片整理成册，期望能为干热河谷区域后续相关研究提供一些参考。

金振洲先生曾记录元江干热河谷种子植物137科465属785种。本书收录其中下段（元江—红河—元阳约150千米范围）常见植物400种，隶属101科307属，包括了其中70%以上的科、60%以上的属及50%以上的种，也有一些是此前未曾记录或近年才发表的种，可以说基本涵盖了调查区域大部分常见物种。为便于查阅，其中被子植物仍按照《云南植物志》采用的哈钦松系统进行排序，物种的形态特征描述主要参考《中国植物志》及《云南植物志》。

本书由国家自然科学基金项目“滇西北、滇东南两地干热河谷植物区系的地理亲缘及群落构建机制研究（31860045）”、云南省中青年学术和技术带头人后备人才项目（202205AC160041）及国家自然科学基金项目“云南干热河谷外来经济林产量形成的传粉竞争机制（32171833）”资助，在此致谢。

由于著者水平有限，难免存在疏漏和错误之处，敬请各位同仁批评指正。

柴　勇

2021年12月于昆明

目　录

云南油杉 *Keteleeria evelyniana* Mast.

科名 松科 Pinaceae **属名** 油杉属 *Keteleeria*

形态特征 乔木。树皮暗灰褐色，不规则深纵裂成块片脱落。叶线形，长 2~6.5 厘米，宽 2~3 毫米，先端常有微凸起的钝尖头，基部楔形，上面中脉两侧常各有 2~10 条气孔线。球果圆柱形，长 9~20 厘米，直径 4~6.5 厘米。

分布 产于云南、贵州西部及西南部、四川西南部安宁河流域至西部大渡河流域。

用途 木材可作建筑、家具等用。

番荔枝 *Annona squamosa* L.

科名 番荔枝科 Annonaceae **属名** 番荔枝属 *Annona*

形态特征 落叶小乔木。树皮薄，灰白色，多分枝。叶薄纸质，椭圆状披针形，长 6~17.5 厘米，宽 2~7.5 厘米，顶端急尖或钝，基部阔楔形或圆形。花生于枝顶或与叶对生，青黄色，萼片三角形，外轮花瓣肉质，内轮花瓣极小，退化成鳞片状，雄蕊长圆形。果实聚合浆果圆球状或心状圆锥形，直径 5~10 厘米，无毛，黄绿色，外面被白色粉霜。花期 5~6 月，果期 6~11 月。

分布 原产热带美洲。现我国热带地区有栽培。

用途 果为热带著名水果，含蛋白质、脂肪、糖类；树皮纤维可造纸。

老人皮 *Polyalthia cerasoides* (Roxb.) Benth. et Hook. f. ex Bedd.

科名 番荔枝科 Annonaceae　**属名** 暗罗属 *Polyalthia*

形态特征　小乔木。树皮暗灰黑色，粗糙，有清香气味。小枝密被褐色长柔毛，老枝无毛，有皮孔。叶纸质，长圆形至长圆状披针形，长 6~19 厘米，宽 2.5~6 厘米，顶端钝，或短渐尖，基部阔楔形至圆形，侧脉每边 7~8 条，叶柄长 2~3 毫米，被疏粗毛。花单生于叶腋内，绿色，花梗长 1~2 厘米，被淡黄色疏柔毛，萼片长圆状卵圆形，花瓣内外轮近等长，果近圆球状或卵圆状，直径约 6 毫米，红色。花期 3~5 月，果期 4~10 月。

分布　产于云南、广东。生于低海拔山地疏林中。

用途　茎皮含单宁，纤维坚韧，可制麻绳和麻袋等；木材坚硬，适于作农具和建筑用材。

心叶青藤 *Illigera cordata* Dunn

科名 莲叶桐科 Hernandiaceae　**属名** 青藤属 *Illigera*

形态特征　藤本。指状 3 小叶，小叶卵形、椭圆形，长 8~12 厘米，宽 4~8 厘米，全缘，先端短渐尖，基部心形，两侧不对称。聚伞花序近伞房状；花黄色；花萼上部 5 裂，裂片长 5~6 毫米；雄蕊 5。果具 4 翅，2 大 2 小，具条纹。花期 5~6 月，果期 8~9 月。

分布　云南、四川、贵州及广西等省份有分布。

用途　根、茎可入药，有驱风祛湿、散瘀止痛的功效。

茴茴蒜 *Ranunculus chinensis* Bunge

科名 毛茛科 Ranunculaceae　　属名 毛茛属 *Ranunculus*

形态特征　一年生草本。基生叶与下部叶有长达 12 厘米的叶柄，为三出复叶，叶片宽卵形至三角形，小叶 2~3 深裂，裂片倒披针状楔形。花序有较多疏生的花；花瓣 5，宽卵圆形。聚合果长圆形；瘦果扁平。花果期 5~9 月。

分布　分布于我国广大地区，云南、西藏、四川、陕西、甘肃、青海、新疆、内蒙古、黑龙江、吉林、辽宁、河北、山西、河南、山东、湖北、湖南、江西、江苏、安徽、浙江、广东、广西、贵州均有。

用途　全草药用，外敷引赤发泡，有消炎、退肿、截疟及杀虫之效。

石龙芮 *Ranunculus sceleratus* L.

科名 毛茛科 Ranunculaceae　　属名 毛茛属 *Ranunculus*

形态特征　一年生草本。基生叶多数；叶片肾状圆形，长 1~4 厘米，宽 1.5~5 厘米，基部心形，3 深裂不达基部，裂片倒卵状楔形，不等地 2~3 裂，顶端钝圆，有粗圆齿；上部叶较小，3 全裂。聚伞花序有多数花；花瓣 5，倒卵形。聚合果长圆形；瘦果极多数，紧密排列。花果期 5~8 月。

分布　全国各地均有分布。生于河沟边及平原湿地。

用途　全草含原白头翁素，有毒，药用能消结核、截疟及治痈肿、疮毒、蛇毒和风寒湿痹。

猫儿屎 *Decaisnea insignis* (Griffith) J. D. Hooker et Thomson

科名 木通科 Lardizabalaceae 属名 猫儿屎属 *Decaisnea*

形态特征 直立灌木。羽状复叶长 50~80 厘米，有小叶 13~25 片；小叶膜质，卵形至卵状长圆形，先端渐尖或尾状渐尖，基部圆或阔楔形，上面无毛，下面青白色。总状花序腋生。果下垂，圆柱形，蓝色，长 5~10 厘米，直径约 2 厘米。种子倒卵形，黑色，扁平。花期 4~6 月，果期 7~8 月。

分布 产于我国西南部至中部地区。生于海拔 900~3600 米的山坡灌丛或沟谷杂木林下阴湿处。

用途 果皮含橡胶，可制橡胶用品；果肉可食，亦可酿酒；种子含油，可榨油；根和果药用，有清热解毒之效。

木防己 *Cocculus orbiculatus* (L.) DC.

科名 防己科 Menispermaceae 属名 木防己属 *Cocculus*

形态特征 木质藤本。叶片纸质至近革质，形状变异极大，边全缘或 3 裂，有时掌状 5 裂，长通常 3~8 厘米，宽不等；掌状脉 3 条。聚伞花序少花，腋生；雄花：萼片 6，外轮卵形或椭圆状卵形，内轮阔椭圆形至近圆形；花瓣 6，雄蕊 6；雌花：萼片和花瓣与雄花相同；退化雄蕊 6。核果近球形，红色至紫红色。

分布 我国大部分地区都有分布（西北部和西藏尚未见过），以长江流域中下游及其以南各省份常见。生于灌丛、村边、林缘等处。

用途 根茎祛风止痛，行水消肿，用于风湿痛、神经痛等。

连蕊藤 *Parabaena sagittata* Miers

科名 防己科 Menispermaceae　属名 连蕊藤属 *Parabaena*

形态特征　草质藤本。叶纸质，阔卵形或长圆状卵形，长 8~16 厘米，宽 5.5~9 厘米，顶端长渐尖，基部箭形，后裂片短尖或圆，边缘有疏齿至粗齿，下面密被毡毛状茸毛；掌状脉 5~7 条。花序伞房状，雄花：萼片卵圆形或椭圆状卵形；雌花：萼片 4，排成 2 轮；花瓣 4，与萼片对生。核果稍扁近球形。花期 4~5 月，果期 8~9 月。

分布　产于云南西南部至东南部、广西南部和西北部（隆林）、贵州南部（安龙）和西藏南部。生于林缘或灌丛中。

用途　叶治便秘。

细圆藤 *Pericampylus glaucus* (Lam.) Merr.

科名 防己科 Menispermaceae　属名 细圆藤属 *Pericampylus*

形态特征　木质藤本。叶纸质至薄革质，三角状卵形至三角状近圆形，长 3.5~8 厘米，顶端钝或圆，基部近截平至心形；掌状脉 5 条。聚伞花序伞房状；雄花：花瓣 6，楔形或匙形，长 0.5~0.7 毫米，边缘内卷；雄蕊 6；雌花萼片和花瓣与雄花相似。核果红色或紫色。花期 4~6 月，果期 9~10 月。

分布　产于长江流域以南各地，东至台湾省，尤以广东、广西和云南 3 省份南部常见。生于林中、林缘和灌丛中。

用途　细长的枝条是编织藤器的重要原料。

一文钱 *Stephania delavayi* Diels

科名 防己科 Menispermaceae　　属名 千金藤属 *Stephania*

形态特征　纤细草质藤本。叶薄纸质，三角状近圆形，长3~5厘米，长宽近相等，顶端钝圆，常有小凸尖，基部近截平，两侧圆；下面粉绿色；掌状脉9~10条。复伞形聚伞花序；雄花：萼片6，排成2轮；花瓣3~4；雌花：萼片和花瓣均3，形状和大小均与雄花相似。核果红色；果核倒卵形。

分布　产于云南各地（北部和东南部除外），四川南部和贵州南部也有。生于灌丛、园篱、路边等处。

用途　理气止痛、祛风除湿；用于胃脘痛、风湿痛等。

豆瓣绿 *Peperomia tetraphylla* (Forst. F.) Hooker et Arnott

科名 胡椒科 Piperaceae　　属名 草胡椒属 *Peperomia*

形态特征　肉质、丛生草本。叶密集，4或3片轮生，带肉质，有透明腺点，阔椭圆形或近圆形，长9~12毫米，宽5~9毫米；叶脉3条。穗状花序单生，顶生和腋生，长2~4.5厘米；苞片近圆形。浆果近卵形，顶端尖。花期2~4月及9~12月。

分布　产于云南、台湾、福建、广东、广西、贵州、四川及甘肃南部和西藏南部。生于潮湿的石上或枯树上。

用途　全草药用，内服治风湿性关节炎、支气管炎；外敷治扭伤、骨折、痈疮疖肿等。

荜拔 *Piper longum* L.

科名 胡椒科 Piperaceae 属名 胡椒属 *Piper*

形态特征 攀缘藤本。枝有粗纵棱和沟槽。叶纸质，有密细腺点，下部叶卵圆形，向上渐次为卵形至卵状长圆形，长6~12厘米，宽3~12厘米，基部阔心形，有钝圆、相等的两耳，叶柄长短不一。花单性，雌雄异株，聚集成与叶对生的穗状花序。浆果下部嵌生于花序轴中并与其合生，顶端有脐状凸起，无毛。花期7~10月。

分布 产于云南东南至西南部，广西、广东和福建有栽培。生于疏阴杂木林中。

用途 果穗为镇痛健胃要药，味辛性热，可用于治疗胃寒引起的腹痛、呕吐、腹泻等。

蕺菜 *Houttuynia cordata* Thunb.

科名 三白草科 Saururaceae 属名 蕺菜属 *Houttuynia*

形态特征 腥臭草本。叶薄纸质，有腺点，卵形或阔卵形，长4~10厘米，宽2.5~6厘米，顶端短渐尖，基部心形，背面常呈紫红色；叶脉5~7条。花序长约2厘米，宽5~6毫米；总苞片长圆形或倒卵形，长10~15毫米，宽5~7毫米，顶端钝圆。蒴果顶端有宿存的花柱。花期4~7月。

分布 产于我国中部、东南至西南部各省份，东起台湾，西南至云南、西藏，北达陕西、甘肃。生于沟边、溪边或林下湿地上。

用途 全株入药，有清热、解毒、利水等功效；嫩根茎可食，在我国西南地区常被用作蔬菜或调味品。

黄花草 *Arivela viscosa* (L.) Rafinesque

科名 白花菜科 Cleomaceae　属名 黄花草属 *Arivela*

形态特征　一年生直立草本。茎基部常木质化，有纵细槽纹，全株密被黏质腺毛与淡黄色柔毛，无刺，有恶臭气味。叶为由3~5枚小叶组成的掌状复叶，小叶薄草质，近无柄，倒披针状椭圆形，中央小叶最大，无托叶。花单生于茎上部逐渐变小与退化的叶腋内，但近顶端则成总状或伞房状花序，花瓣淡黄色，无毛，雄蕊10~22。果直立，圆柱形，密被腺毛。种子黑褐色，直径1~1.5毫米。无明显的花果期，常3月出苗，7月果熟。

分布　产于云南、安徽、浙江、江西、福建、台湾、湖南、广东、广西、海南等省份。

用途　散瘀消肿、祛腐生肌；用于皮肤溃烂、痈肿疮毒、跌打损伤等。

野香橼花 *Capparis bodinieri* Lévl

科名 白花菜科 Cleomaceae　属名 山柑属 *Capparis*

形态特征　常绿灌木或小乔木，直立或攀缘。小枝基部有时具钻形苞片状小鳞片。叶为单叶，具叶柄，很少无柄，螺旋状着生，有时假2列，叶片全缘，托叶刺状，刺直或弯曲，有时无刺。花排成总状、伞房状、亚伞形或圆锥花序，萼片4，2轮，外轮质地常较厚，不相等至近相等；花瓣4，覆瓦状排列。浆果球形或伸长，成熟时或干后常具有特殊颜色，通常不开裂。种子肾形至近多角形。

分布　产于云南、四川西南部（会理）、贵州东部。

用途　全株药用，有止血、消炎、收敛的功效。

钝叶山柑 *Capparis obtusifolia* H. Li

科名 白花菜科 Cleomaceae　属名 山柑属 *Capparis*

形态特征　常绿灌木，直立或攀缘。小枝基部有时具钻形苞片状小鳞片。叶为单叶，具叶柄，螺旋状着生，有时假 2 列，叶片全缘，托叶刺状，有时无刺。花腋上生，少有单花腋生，常有苞片，早落，萼片 4，2 轮，花瓣 4，雄蕊 6~200。浆果球形，种子肾形至近多角形。

分布　产于云南。

用途　不详。

树头菜 *Crateva unilocularis* Buchanan-Hamilton

科名 白花菜科 Cleomaceae　属名 鱼木属 *Crateva*

形态特征　灌木。小叶 3~5，掌状，侧生小叶基部两侧很不对称。花序顶生，花枝长 10~15 厘米，花序长约 3 厘米。果球形至椭圆形。花期 6~7 月，果期 10~11 月。

分布　产于云南、广东、广西。生于海拔 400 米以下的沟谷或平地、低山水旁或石山密林中。

用途　根叶清热解毒、舒筋活络；用于痢疾、泄泻、风湿关节痛等。

碎米荠 *Cardamine hirsuta* L.

科名 十字花科 Brassicaceae　　属名 碎米荠属 *Cardamine*

形态特征　一年生小草本。基生叶具叶柄，有小叶 2~5 对，顶生小叶肾形或肾圆形，长 4~10 毫米，宽 5~13 毫米，边缘有 3~5 圆齿；茎生叶具短柄，有小叶 3~6 对。总状花序生于枝顶，花小，花瓣白色，倒卵形。长角果线形，稍扁，无毛。种子椭圆形，顶端有的具明显的翅。花期 2~4 月，果期 4~6 月。

分布　分布几遍全国。生于海拔 1000 米以下的山坡、路旁、荒地及耕地的草丛中。

用途　全草可作野菜食用；也供药用，清热祛湿。

荷包山桂花 *Polygala arillata* Buch.-Ham. ex D. Don

科名 远志科 Polygalaceae　　属名 远志属 *Polygala*

形态特征　灌木。单叶互生，叶片纸质，椭圆形、长圆状椭圆形至长圆状披针形，长 6.5~14 厘米，宽 2~2.5 厘米，先端渐尖，基部楔形或钝圆，全缘。总状花序与叶对生，下垂；萼片 5，外面 3 枚小，不等大，上面 1 枚深兜状，侧生 2 枚卵形，内萼片 2，花瓣状，红紫色，长圆状倒卵形；花瓣 3，肥厚，黄色。蒴果阔肾形至略心形，浆果状，成熟时紫红色。种子球形，棕红色。花期 5~10 月，果期 6~11 月。

分布　产于云南、陕西南部、安徽、江西、福建、湖北、广西、四川、贵州和西藏东南部。生于山坡林下或林缘。

用途　根皮入药，有清热解毒、祛风除湿、补虚消肿功效。

瓜子金 *Polygala japonica* Houtt.

科名 远志科 Polygalaceae **属名** 远志属 *Polygala*

形态特征　多年生草本。单叶互生，叶片厚纸质或亚革质，卵形或卵状披针形，长 1~2.3 厘米，宽 5~9 毫米，先端钝，具短尖头，基部阔楔形至圆形，全缘。总状花序与叶对生，或腋外生，萼片 5，宿存，外面 3 枚披针形，里面 2 枚花瓣状，卵形至长圆形；花瓣 3，白色至紫色；雄蕊 8。蒴果圆形。种子 2 粒，卵形。花期 4~5 月，果期 5~8 月。

分布　产于东北、华北、西北、华东、华中和西南地区。生于山坡草地或田埂上，海拔 800~2100 米。

用途　全草或根入药，有镇咳、化痰、活血、止血、解毒的功效。

荷莲豆草 *Drymaria cordata* (L.) Willdenow ex Schultes

科名 石竹科 Caryophyllaceae **属名** 荷莲豆草属 *Drymaria*

形态特征　一年生草本。叶片卵状心形，长 1~1.5 厘米，宽 1~1.5 厘米，顶端凸尖，具 3~5 基出脉；托叶数片，小型，刚毛状。聚伞花序顶生；花瓣白色，倒卵状楔形，稍短于萼片，顶端 2 深裂；雄蕊稍短于萼片。蒴果卵形，长 2.5 毫米，宽 1.3 毫米，3 瓣裂。种子近圆形，表面具小疣。花期 4~10 月，果期 6~12 月。

分布　产于云南、浙江、福建、台湾、广东、海南、广西、贵州、四川、湖南、西藏（樟木）。生于海拔 200~1900（2400）米的山谷、杂木林缘。

用途　全草入药，有消炎、清热、解毒的功效。

星粟草 *Glinus lotoides* L.

科名 粟米草科 Molluginaceae　　属名 星粟草属 *Glinus*

形态特征　一年生草本，粗壮，全株密被星状柔毛。基生叶莲座状，早落，茎生叶轮生或对生，叶片倒卵形至长圆状匙形，顶端圆钝或急尖，基部渐狭，下延，叶柄极短。花数朵簇生，花被片5，椭圆形，急尖，雄蕊通常5。蒴果卵形，与宿存花被等长，5瓣裂。种子肾形。花果期春夏。

分布　产于云南（元江、勐腊）、台湾、海南。生于空旷沙滩、河旁沙地或稻田中。

用途　不详。

马齿苋 *Portulaca oleracea* L.

科名 马齿苋科 Portulacaceae　　属名 马齿苋属 *Portulaca*

形态特征　一年生草本，全株无毛。茎多分枝，圆柱形。叶互生，有时近对生，叶片扁平，肥厚，倒卵形，似马齿状，顶端圆钝或平截，有时微凹，基部楔形，全缘，叶柄粗短。花无梗，常3~5朵簇生枝端，午时盛开，花瓣5，黄色，倒卵形。蒴果卵球形。种子细小，偏斜球形，黑褐色，具小疣状凸起。花期5~8月，果期6~9月。

分布　我国南北各地均产。性喜肥沃土壤，耐旱亦耐涝，生活力强，生于菜园、农田、路旁，为田间常见杂草。

用途　全草供药用，有清热利湿、解毒消肿、消炎、止渴作用；种子明目；嫩茎叶可作蔬菜，味酸，也是很好的饲料。

四瓣马齿苋 *Portulaca quadrifida* L.

科名 马齿苋科 Portulacaceae　**属名** 马齿苋属 *Portulaca*

形态特征　一年生肉质草本。茎匍匐，节上生根。叶对生，扁平，叶片卵形、倒卵形，顶端钝或急尖，向基部稍狭。花小，单生枝端，花瓣4，黄色，雄蕊8~10。蒴果黄色，球形，果皮膜质。种子小，黑色，近球形，侧扁，有小瘤体。花果期几全年。

分布　产于云南（元阳、元江）、台湾（琉球屿、台南）、广东、海南及西沙群岛。生于空旷沙地、河谷田边、山坡草地、路旁阳处、水沟边。

用途　全草药用，有止痢杀菌之效，治肠炎、腹泻等症。

土人参 *Talinum paniculatum* (Jacq.) Gaertn.

科名 马齿苋科 Portulacaceae　**属名** 土人参属 *Talinum*

形态特征　一年生或多年生草本。叶互生或近对生，近无柄，叶片稍肉质，倒卵形或倒卵状长椭圆形，长5~10厘米，宽2.5~5厘米，顶端急尖，有时微凹，基部狭楔形，全缘。圆锥花序顶生或腋生；花小，直径约6毫米；总苞片绿色或近红色；花瓣粉红色；雄蕊15~20。蒴果近球形。种子多数，扁圆形，黑褐色或黑色。花期6~8月，果期9~11月。

分布　原产热带美洲。我国中部和南部均有栽植，有的逸为野生。生于阴湿地。

用途　根可补中益气，润肺生津；叶消肿解毒。

金荞麦 *Fagopyrum dibotrys* (D. Don) Hara

科名 蓼科 Polygonaceae　属名 荞麦属 *Fagopyrum*

形态特征　多年生草本。叶三角形，长 4~12 厘米，宽 3~11 厘米，顶端渐尖，基部近戟形，边缘全缘；托叶鞘筒状，膜质，褐色，长 5~10 毫米，偏斜。花序伞房状，顶生或腋生；花被 5 深裂，白色，花被片长椭圆形，雄蕊 8。瘦果宽卵形，具三锐棱。花期 7~9 月，果期 8~10 月。

分布　产于陕西、华东、华中、华南及西南。生于山谷湿地、山坡灌丛，海拔 250~3200 米。

用途　块根供药用，有清热解毒、排脓去瘀的功效。

何首乌 *Fallopia multiflora* (Thunb.) Harald.

科名 蓼科 Polygonaceae　属名 何首乌属 *Fallopia*

形态特征　多年生草质藤本。叶卵形或长卵形，长 3~7 厘米，宽 2~5 厘米，顶端渐尖，基部心形；托叶鞘膜质，偏斜。花序圆锥状，顶生或腋生，长 10~20 厘米；花被 5 深裂，白色或淡绿色，花被片椭圆形，大小不相等，外面 3 片较大背部具翅；雄蕊 8。瘦果卵形，具三棱。花期 8~9 月，果期 9~10 月。

分布　产于云南、陕西南部、甘肃南部、华东、华中、华南、四川及贵州。生于山谷灌丛、山坡林下、沟边石隙，海拔 200~3000 米。

用途　块根入药，有安神、养血、活络的功效。

火炭母 *Polygonum chinense* L.

科名 蓼科 Polygonaceae　　属名 蓼属 *Polygonum*

形态特征　多年生直立草本。叶卵形或长卵形，长 4~10 厘米，宽 2~4 厘米，顶端短渐尖，基部截形或心形，全缘，下部叶具有耳叶柄，上部叶近无柄或抱茎；托叶鞘长 1.5~2.5 厘米。头状花序；花被 5 深裂，白色或淡红色，果时蓝黑色，增大为肉质；雄蕊 8。瘦果具三棱，包于宿存花被中。花期 7~9 月，果期 8~10 月。

分布　陕西、甘肃及华东、华中、华南和西南有分布。

用途　根状茎药用，有清热解毒、散瘀消肿的功效。

酸模叶蓼 *Polygonum lapathifolium* L.

科名 蓼科 Polygonaceae　　属名 蓼属 *Polygonum*

形态特征　一年生草本。茎直立，具分枝，无毛，节部膨大。叶披针形或宽披针形，顶端渐尖或急尖，基部楔形，上面绿色，常有一个大的黑褐色新月形斑点，全缘，边缘具粗缘毛，托叶鞘筒状。总状花序呈穗状，顶生或腋生，通常由数个花穗再组成圆锥状，花被淡红色。瘦果宽卵形，双凹。花期 6~8 月，果期 7~9 月。

分布　广布于我国南北各省份。生于田边、路旁、水边、荒地或沟边湿地。

用途　清热解毒、利湿止痒；用于痢疾、泄泻。

长鬃蓼 *Polygonum longisetum* De Br.

科名 蓼科 Polygonaceae **属名** 蓼属 *Polygonum*

形态特征 一年生草本。叶披针形或宽披针形，长 5~13 厘米，宽 1~2 厘米，顶端急尖或狭尖，基部楔形，上面近无毛，下面沿叶脉具短伏毛，边缘具缘毛；托叶鞘筒状。总状花序呈穗状，顶生或腋生，花被 5 深裂，淡红色。瘦果宽卵形，具三棱，黑色。花期 6~8 月，果期 7~9 月。

分布 产于云南、东北、华北、陕西、甘肃、华东、华中、华南、四川和贵州。

用途 活血祛瘀、消肿止痛。

杠板归 *Polygonum perfoliatum* L.

科名 蓼科 Polygonaceae **属名** 蓼属 *Polygonum*

形态特征 一年生草本。茎攀缘，多分枝，具纵棱，沿棱具稀疏的倒生皮刺。叶三角形，长 3~7 厘米，宽 2~5 厘米，顶端钝或微尖，基部截形或微心形，薄纸质，叶柄与叶片近等长，具倒生皮刺，托叶鞘叶状，穿叶。总状花序短穗状，顶生或腋生，花被 5 深裂，白色或淡红色，椭圆形，雄蕊 8，短于花被。果球形。花期 6~8 月，果期 7~10 月。

分布 产于云南、黑龙江、吉林、辽宁、河北、山东、河南、陕西、甘肃、江苏、浙江、安徽、江西、湖南、湖北、四川、贵州、福建、台湾、广东、海南、广西。

用途 清热解毒、利尿消肿。

虎杖 *Reynoutria japonica* Houtt.

科名 蓼科 Polygonaceae **属名** 虎杖属 *Reynoutria*

形态特征 多年生草本。叶宽卵形或卵状椭圆形，长5~12厘米，宽4~9厘米，近革质，顶端渐尖，基部宽楔形、截形或近圆形，边缘全缘，疏生小凸起；托叶鞘膜质，偏斜，长3~5毫米，褐色，早落。花单性，雌雄异株，花序圆锥状，腋生；花被5深裂，淡绿色，雄蕊8。瘦果卵形，具三棱，包于宿存花被内。花期8~9月，果期9~10月。

分布 产于云南、陕西南部、甘肃南部、华东、华中、华南、四川及贵州。生于山坡灌丛、山谷、路旁、田边湿地，海拔140~2000米。

用途 根状茎供药用，有活血、散瘀、通经、镇咳等功效。

戟叶酸模 *Rumex hastatus* D. Don

科名 蓼科 Polygonaceae **属名** 酸模属 *Rumex*

形态特征 灌木，老枝木质；一年生枝草质。叶互生或簇生，戟形，近革质，长1.5~3厘米，宽1.5~2毫米，中裂线形或狭三角形，顶端尖。花序圆锥状，顶生；花杂性，花被片6，成2轮，雄蕊6。瘦果卵形，具三棱。花期4~5月，果期5~6月。

分布 产于云南、四川及西藏东南部。生于沙质荒坡、山坡阳处，海拔600~3200米。

用途 发汗解表、润肺止咳；用于感冒、咳嗽等。

齿果酸模 *Rumex dentatus* L.

科名 蓼科 Polygonaceae 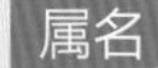 属名 酸模属 *Rumex*

形态特征 一年生草本。茎下部叶长圆形或长椭圆形，长 4~12 厘米，宽 1.5~3 厘米，顶端圆钝或急尖，基部圆形或近心形，边缘浅波状；茎生叶较小；叶柄长 1.5~5 厘米。花序总状，顶生和腋生，多花，轮状排列；外花被片椭圆形；内花被片果时增大，三角状卵形，边缘每侧具 2~4 个刺状齿。瘦果卵形，具 3 锐棱。花期 5~6 月，果期 6~7 月。

分布 产于云南及华北、西北、华东、华中、四川、贵州等地。生于沟边湿地、山坡路旁。

用途 根、叶入药，有清热、凉血、化痰止咳的功效。

藜 *Chenopodium album* L.

科名 藜科 Chenopodiaceae 属名 藜属 *Chenopodium*

形态特征 一年生直立草本。叶片菱状卵形至宽披针形，长 3~6 厘米，宽 2.5~5 厘米，先端急尖或微钝，基部楔形至宽楔形，边缘具不整齐锯齿。穗状花序或圆锥花序；花被裂片 5，背面具纵隆脊。种子双凸镜状，表面具浅沟纹。花果期 5~10 月。

分布 分布遍及全球温带及热带地区。田间杂草，生于田野、荒地、草原、路边及住宅附近。

用途 幼苗可作蔬菜食用；茎叶可喂家畜；全草可入药用，止泻痢、止痒，治痢疾腹泻。

土荆芥 *Dysphania ambrosioides* (L.) Mosyakin & Clemants

科名 藜科 Chenopodiaceae　　属名 腺毛藜属 *Dysphania*

形态特征　一年生或多年生直立草本，有香味。叶片披针形，先端急尖或渐尖，基部渐狭具短柄，边缘具稀疏大锯齿，下部叶长达 15 厘米，宽达 5 厘米，上部叶逐渐变小而近全缘。花两性及雌性；花被裂片 5 或 3；雄蕊 5，柱头 3 或 4，伸出花被外。胞果扁球形，完全包于花被内。

分布　广布于世界热带及温带地区。

用途　全草入药，治蛔虫病、钩虫病、蛲虫病。

钝叶土牛膝 *Achyranthes aspera* var. *indica* L.

科名 苋科 Amaranthaceae　　属名 牛膝属 *Achyranthes*

形态特征　多年生直立草本。茎密生长柔毛。叶片倒卵形，长 1.5~6.5 厘米，宽 2~4 厘米，顶端圆钝，基部宽楔形，边缘波状，两面密生柔毛。

分布　产于云南、台湾、广东、四川。生于田埂、路边、河旁。

用途　用于咽喉痛、疟疾。

白花苋 *Aerva sanguinolenta* (L.) Blume

科名 苋科 Amaranthaceae　　属名 白花苋属 *Aerva*

形态特征　多年生直立草本。叶对生或互生，叶片卵状椭圆形、矩圆形或披针形，长 1.5~8 厘米，宽 5~35 毫米。花序有白色或紫色绢毛，小苞片及花被片外面有白色绵毛；花被片白色或粉红色。花期 4~6 月，果期 8~10 月。

分布　产于云南、四川、贵州、广东、海南等地。

用途　根及花入药，有散瘀、止痛、除湿、调经、止咳、止痢的功效。

刺花莲子草 *Alternanthera pungens* Kunth

科名 苋科 Amaranthaceae　　属名 莲子草属 *Alternanthera*

形态特征　一年生匍匐草本。叶片卵形、倒卵形，长 1.5~4.5 厘米，宽 5~15 毫米，顶端圆钝，基部渐狭。头状花序；苞片披针形，顶端有锐刺；花被片大小不等，2 外花被片花后变硬，中脉伸出成锐刺。胞果宽椭圆形，顶端截形或稍凹。花期 5 月，果期 7 月。

分布　原产南美。产于我国云南、福建等地。生于路旁两地。

用途　清热解毒、凉血止血。

莲子草 *Alternanthera sessilis* (L.) DC.

科名 苋科 Amaranthaceae　　属名 莲子草属 *Alternanthera*

形态特征　多年生草本。茎上升或匍匐，绿色或稍带紫色，有条纹及纵沟。叶片形状及大小有变化，条状披针形、矩圆形、倒卵形、卵状矩圆形，顶端急尖、圆形或圆钝，基部渐狭，全缘或有不明显锯齿；花密生，花轴密生白色柔毛；苞片及小苞片白色；花被片卵形，白色。胞果倒心形。种子卵球形。花期 5~7 月，果期 7~9 月。

分布　产于云南、安徽、江苏、浙江、江西、湖南、湖北、四川、贵州、福建、台湾、广东、广西。生于村庄附近的草坡、水沟、田边或沼泽、海边潮湿处。

用途　嫩叶作为野菜食用，又可作饲料；全草入药，有散瘀消毒、清火退热功效，治牙痛、痢疾，疗肠风、下血。

千穗谷 *Amaranthus hypochondriacus* L.

科名 苋科 Amaranthaceae　　属名 苋属 *Amaranthus*

形态特征　一年生草本。茎绿色或紫红色，分枝。叶片菱状卵形或矩圆状披针形，长 3~10 厘米，宽 1.5~3.5 厘米，顶端急尖或短渐尖，具凸尖，基部楔形，全缘或波状缘，无毛，常带紫色。圆锥花序顶生；花被片矩圆形，顶端急尖或渐尖，绿色或紫红色，有 1 深色中脉。胞果近菱状卵形，环状横裂，绿色，上部带紫色，超出宿存花被。种子近球形。花期 7~8 月，果期 8~9 月。

分布　原产北美。产于云南、内蒙古、河北、四川等地。

用途　用于风疹、伤食、腹泻、疥疮等。

刺苋 *Amaranthus spinosus* L.

科名 苋科 Amaranthaceae　　属名 苋属 *Amaranthus*

形态特征　一年生草本。茎直立，圆柱形或钝棱形，多分枝，有纵条纹。叶片菱状卵形或卵状披针形，长 3~12 厘米，宽 1~5.5 厘米，顶端圆钝，具微凸头，基部楔形，全缘。圆锥花序腋生及顶生，花被片绿色，具凸尖，边缘透明，中脉绿色或带紫色。胞果矩圆形。种子近球形，黑色或带棕黑色。花果期 7~11 月。

分布　产于云南、陕西、河南、安徽、江苏、浙江、江西、湖南、湖北、四川、贵州、广西、广东、福建、台湾。生于旷地或园圃杂草。

用途　嫩茎叶作野菜食用；全草供药用，有清热解毒、散血消肿的功效。

青葙 *Celosia argentea* L.

科名 苋科 Amaranthaceae　　属名 青葙属 *Celosia*

形态特征　一年生草本，无毛。茎直立，有分枝，绿色或红色，具显明条纹。叶片矩圆披针形、披针形，长 5~8 厘米，宽 1~3 厘米，绿色常带红色，顶端急尖或渐尖，具小芒尖，基部渐狭。花多数，密生；苞片及小苞片披针形，白色；花被片矩圆状披针形，初为白色顶端带红色，后成白色。胞果卵形。花期 5~8 月，果期 6~10 月。

分布　分布几遍全国。

用途　种子供药用，有清热明目作用；花序宿存经久不凋，可供观赏；嫩茎叶浸去苦味后，可作野菜食用。

杯苋 *Cyathula prostrata* (L.) Blume

科名 苋科 Amaranthaceae　　属名 杯苋属 *Cyathula*

形态特征　多年生草本。叶片菱状倒卵形或菱状矩圆形，长 1.5~6 厘米，宽 6~30 毫米，顶端圆钝，中部以下骤然变细，基部圆形。总状花序，顶生和最上部叶腋生，直立，长 4~35 厘米。胞果球形，直径约 0.5 毫米，无毛，带绿色。种子卵状矩圆形，极小。花果期 6~11 月。

分布　产于云南、台湾、广东、广西。生于山坡灌丛或小河边。

用途　全草入药，可治跌打、驳骨。

浆果苋 *Deeringia amaranthoides* (Lamarck) Merrill

科名 苋科 Amaranthaceae　　属名 浆果苋属 *Deeringia*

形态特征　攀缘灌木。叶片卵形或卵状披针形，长 4~15 厘米，宽 2~8 厘米，顶端渐尖或尾尖，基部常不对称。总状花序腋生及顶生，再形成多分枝的圆锥花序；花直径 2~3 毫米，有恶臭；花被片椭圆形。浆果近球形，红色，有 3 条纵沟，下面具宿存花被。种子 1~6，扁压状肾形，黑色，光亮。花果期 10 月至翌年 3 月。

分布　产于云南、四川、西藏、贵州、广西、广东、台湾。生于海拔 100~2200 米山坡林下或灌丛中。

用途　全株供药用，祛风除湿、通经活络，治风湿性关节炎、风湿腰腿痛等。

蒺藜 *Tribulus terrestris* L.

科名 蒺藜科 Zygophyllaceae 属名 蒺藜属 *Tribulus*

形态特征 一年生草本。茎由基部分枝，长可达 1 米左右，全株被绢丝状柔毛，双数羽状复叶互生，小叶 6~14，对生，矩圆形，全缘。花小，黄色，单生叶腋，萼片 5，花瓣 5，雄蕊 10。果由 5 个分果瓣组成，每果瓣具长短棘刺各 1 对。

分布 分布全国各地，长江以北最普遍。

用途 果入药，有散风、平肝、明目功效；种子可榨油；茎皮纤维供造纸。

酢浆草 *Oxalis corniculata* L.

科名 酢浆草科 Oxalidaceae 属名 酢浆草属 *Oxalis*

形态特征 草本。叶基生或茎上互生；小叶 3，无柄，倒心形，长 4~16 毫米，宽 4~22 毫米，先端凹入，基部宽楔形，边缘具缘毛。花单生或为伞形花序；萼片 5，宿存，背面和边缘被柔毛；花瓣 5，黄色，长圆状倒卵形。蒴果长 1~2.5 厘米，具 5 棱。种子长卵形，具横向肋状网纹。花果期 2~9 月。

分布 全国广布。

用途 全草药用，有解热利尿、消肿散瘀的功效。

耳基水苋 *Ammannia auriculata* Willdenow

科名 千屈菜科 Lythraceae　属名 水苋菜属 *Ammannia*

形态特征　草本，直立，少分枝，无毛。上部的茎四棱或略具狭翅。叶对生，膜质，狭披针形或矩圆状披针形，顶端渐尖，基部扩大，多少呈心状耳形，半抱茎。聚伞花序腋生，花瓣 4，紫色或白色，近圆形，早落。蒴果扁球形，紫红色，直径 2~3.5 毫米。种子半椭圆形。花期 8~12 月。

分布　产于云南、广东、福建、浙江、江苏、安徽、湖北、河南、河北、陕西、甘肃等地。

用途　全草用于小便淋痛、带下病。

多花水苋菜 *Ammannia multiflora* Roxb.

科名 千屈菜科 Lythraceae　属名 水苋菜属 *Ammannia*

形态特征　草本，多分枝，无毛。茎上部略具四棱。叶对生，膜质，长椭圆形，长 8~25 毫米，宽 2~8 毫米，顶端渐尖，茎下部的叶基部渐狭，中部以上的叶基部通常耳形或稍圆形，抱茎。多花或疏散的二歧聚伞花序；萼筒钟形，稍呈四棱，裂片 4；花瓣 4，倒卵形，小而早落；雄蕊 4。蒴果扁球形，成熟时暗红色，上半部突出宿存萼之外。种子半椭圆形。花期 7~8 月，果期 9 月。

分布　产于我国南部各省份。生于湿地或水田中。

用途　消瘀止血、接骨；用于内伤吐血、外伤出血、跌打损伤。

虾子花 *Woodfordia fruticosa* (L.) Kurz

科名 千屈菜科 Lythraceae　　属名 虾子花属 *Woodfordia*

形态特征　灌木。幼枝有短柔毛，后脱落，叶对生，近革质，卵状披针形，长 3~14 厘米，宽 1~4 厘米，顶端渐尖，基部圆形或心形，上面通常无毛，下面被短柔毛，且具黑色腺点。短聚伞状圆锥花序，花萼筒花瓶状，鲜红色，花瓣小而薄，淡黄色，雄蕊 12，突出萼外。蒴果膜质，线状长椭圆形。种子甚小，卵状或圆锥形，红棕色。花期春季。

分布　产于云南、广东、广西。常生于山坡路旁。

用途　全株含鞣质，可提制栲胶。花萼红色而美丽，通常栽培供观赏。

八宝树 *Duabanga grandiflora* (Roxb. ex DC.) Walp.

科名 千屈菜科 Lythraceae　　属名 八宝树属 *Duabanga*

形态特征　乔木。树皮褐灰色，有皱褶裂纹；枝下垂，螺旋状或轮生于树干上，幼时具四棱。叶阔椭圆形、矩圆形或卵状矩圆形，长 12~15 厘米，宽 5~7 厘米，顶端短渐尖，基部深裂成心形。花基数 5~6；花瓣近卵形；雄蕊极多数，2 轮排列。蒴果长 3~4 厘米，直径 3.2~3.5 厘米。花期春季。

分布　产于云南南部。生于海拔 900~1500 米的山谷或空旷地，较为常见。

用途　树皮可治气管炎。

草龙 *Ludwigia hyssopifolia* (G. Don) exell.

科名 柳叶菜科 Onagraceae　　属名 丁香蓼属 *Ludwigia*

形态特征　一年生直立草本。茎基部常木质化，常三棱或四棱形。叶披针形至线形，长 2~10 厘米，宽 0.5~1.5 厘米，先端渐狭或锐尖，基部狭楔形；托叶三角形，或不存在。花腋生，萼片 4，卵状披针形；花瓣 4，黄色，倒卵形；雄蕊 8。蒴果近无梗，幼时近四棱形，熟时近圆柱状。花果期几乎四季。

分布　产于云南南部、台湾、广东、香港、海南、广西。生于田边、水沟、河滩、塘边、湿草地等湿润向阳处，海拔 50~750 米。

用途　全草入药，能清热解毒、祛腐生肌，可治感冒、咽喉肿痛等。

毛草龙 *Ludwigia octovalvis* (Jacq.) Raven

科名 柳叶菜科 Onagraceae　　属名 丁香蓼属 *Ludwigia*

形态特征　多年生粗壮直立草本，有时基部木质化。叶披针形至线状披针形，长 4~12 厘米，宽 0.5~2.5 厘米，先端渐尖或长渐尖，基部渐狭；托叶小，三角状卵形。萼片 4，卵形；花瓣黄色，倒卵状楔形；雄蕊 8。蒴果圆柱状，具 8 条棱。种子近球状或倒卵形。花期 6~8 月，果期 8~11 月。

分布　产于云南、江西、浙江、福建、台湾、广东、香港、海南、广西。

用途　清热解毒、祛腐生肌；用于水肿、咽喉肿痛等。

长梗瑞香 *Daphne pedunculata* H. F. Zhou ex C. Y. Chang

科名 瑞香科 Thymelaeaceae 属名 瑞香属 *Daphne*

形态特征 常绿灌木。枝被茸毛，叶互生，叶片披针形或倒披针形，花序顶生，花黄色，裂片 5，长圆形，雄蕊 10，果未见。花期 11~12 月。

分布 产于云南东南部干热河谷。生于沙地斜坡。

用途 茎皮纤维韧性强，可做造纸原料。

黄细心 *Boerhavia diffusa* L.

科名 紫茉莉科 Nyctaginaceae 属名 黄细心属 *Boerhavia*

形态特征 多年生蔓性草本。根肉质，茎无毛或被疏短柔毛，叶片卵形，长 1~5 厘米，宽 1~4 厘米，顶端钝或急尖，基部圆形或楔形，边缘微波状，两面被疏柔毛，下面灰黄色，干时有皱纹。头状聚伞圆锥花序顶生，花被淡红色，花被筒上部钟形，具 5 肋，顶端皱褶，浅 5 裂，下部倒卵形，具 5 肋，雄蕊 1~3。果实棍棒状，具五棱，有黏腺和疏柔毛。花果期夏秋间。

分布 产于云南、福建、台湾、广东、海南、广西、四川、贵州。生于沿海旷地或干热河谷。

用途 根烤熟可食，有甜味，甚滋补；叶有利尿、催吐、祛痰功效，可治气喘、黄疸病。

马桑 *Coriaria nepalensis* Wallich

科名　马桑科 Coriariaceae　　属名　马桑属 *Coriaria*

形态特征　灌木。分枝水平开展，小枝四棱形，芽鳞膜质，卵形。叶对生，纸质至薄革质，椭圆形，先端急尖，基部圆形，全缘，基出3脉，弧形伸至顶端，叶短柄。总状花序生于2年生的枝条上，雄花序先叶开放。果球形，成熟时由红色变紫黑色。种子卵状长圆形。

分布　产于云南、贵州、四川、湖北、陕西、甘肃、西藏。生于低海拔的灌丛中。

用途　果可提酒精；种子榨油可作油漆和油墨；茎叶可提栲胶；全株含马桑碱，有毒，可作土农药。

短萼海桐 *Pittosporum brevicalyx* (Oliv.) Gagnep.

科名　海桐科 Pittosporaceae　　属名　海桐属 *Pittosporum*

形态特征　常绿灌木或小乔木。叶簇生于枝顶，2年生，薄革质，倒卵状披针形，长5~12厘米，宽2~4厘米；先端渐尖，或急剧收窄而长尖，基部楔形。伞房花序3~5条生于枝顶叶腋内；花瓣长6~8毫米，分离；雄蕊比花瓣略短。蒴果近扁球形。种子7~10个，种柄极短。

分布　产于湖北、湖南、江西、广东、广西、贵州、云南的东南部及西北部、西藏的东南部。

用途　根皮有止咳及治慢性支气管炎的功效。

羊脆木 *Pittosporum kerrii* Craib

科名 海桐科 Pittosporaceae　　属名 海桐属 *Pittosporum*

形态特征　常绿小乔木。叶厚革质，2年生，常簇生于枝顶，倒披针形至倒卵状披针形，长6~15厘米，宽2~5厘米；先端短尖或渐尖，基部楔形。圆锥花序顶生，由多数伞房花序组成；花黄白色，有芳香。蒴果短扁圆形。种子2~4个，干后黑色，近肾形。

分布　产于云南的东南至西南部。生于海拔750~2300米的山地。

用途　根皮及树皮可入药，有疏风、解表、止疟的功效。

柞木 *Xylosma congesta* (Loureiro) Merrill

科名 大风子科 Flacourtiaceae　　属名 柞木属 *Xylosma*

形态特征　常绿小乔木。树皮棕灰色。叶薄革质，雌雄株稍有区别，通常雌株的叶有变化，菱状椭圆形至卵状椭圆形，长4~8厘米，宽2.5~3.5厘米，先端渐尖，基部楔形或圆形，边缘有锯齿。花小，总状花序腋生；花萼4~6片，卵形；雄花有多数雄蕊。浆果黑色，球形，顶端有宿存花柱。花期春季，果期冬季。

分布　产于秦岭以南和长江以南各省份。生于海拔800米以下的林边、丘陵和平原或村边附近灌丛中。

用途　材质坚实，纹理细密，材色棕红，供家具、农具等用；叶、刺供药用；种子含油；树形优美，供庭园美化和观赏等用；同时也是蜜源植物。

龙珠果 *Passiflora foetida* L.

科名 西番莲科 Passifloraceae　　属名 西番莲属 *Passiflora*

形态特征　草质藤本，有臭味。茎具条纹，被平展柔毛，叶膜质，宽卵形至长圆状卵形，长4.5~13 厘米，宽 4~12 厘米，先端 3 浅裂，基部心形，边缘呈不规则波状，通常具头状缘毛，叶柄长2~6 厘米，托叶半抱茎，深裂，裂片顶端具腺毛。聚伞花序退化仅存 1 花，与卷须对生，花白色或淡紫色。浆果卵圆球形。种子椭圆形。花期 7~8 月，果期翌年 4~5 月。

分布　原产西印度群岛，现为泛热带杂草。栽培于云南、广西、广东、台湾。常见逸生于海拔120~500 米的草坡路边。

用途　果味甜可食。

圆叶西番莲 *Passiflora henryi* Hemsl.

科名 西番莲科 Passifloraceae　　属名 西番莲属 *Passiflora*

形态特征　草质藤本。叶近圆形至扁圆形，长 3.5~5.5 厘米，宽 3~6 厘米，先端圆或截形，基部圆形或心形，全缘，细脉上具腺体；叶柄顶端具 1 对腺体。花序成对生于卷须两侧；萼片 5 枚；外副花冠裂片 2 轮，外轮长 6~8 毫米，内轮长约 4 毫米，顶端膨大成头状；内副花冠褶状，长 1~2 毫米。浆果球形，直径 1.2~1.5 厘米，熟后紫黑色。花期 6 月，果期 10 月。

分布　产于云南南部。

用途　全株药用，可防治痢疾、肺结核等。

红瓜 *Coccinia grandis* (L.) Voigt

科名 葫芦科 Cucurbitaceae　属名 红瓜属 *Coccinia*

形态特征　攀缘草本。叶柄细，有纵条纹；叶片阔心形，长、宽均5~10厘米，常有5个角，两面布有颗粒状小凸点，先端钝圆，基部有数个腺体。卷须纤细，无毛，不分歧。雌雄异株；花冠白色。果实纺锤形。种子黄色，长圆形，两面密布小疣点，顶端圆。

分布　产于云南、广东、广西（涠洲岛）。生于海拔100~1100米的山坡灌丛及林中。

用途　不详。

茅瓜 *Solena heterophylla* Lour.

科名 葫芦科 Cucurbitaceae　属名 茅瓜属 *Solena*

形态特征　攀缘草本。叶片薄革质，多型，变异大，卵形、卵状三角形或戟形等，不分裂、3~5浅裂至深裂，长8~12厘米，宽1~5厘米，先端钝或渐尖。卷须纤细，不分歧。雌雄异株。雄花呈伞房状花序；雌花单生于叶腋。果实红褐色，长圆状或近球形。种子数枚，灰白色，近圆球形或倒卵形。花期5~8月，果期8~11月。

分布　产于云南、台湾、福建、江西、广东、广西、贵州、四川和西藏。生于海拔600~2600米的山坡路旁、林下、杂木林中或灌丛中。

用途　块根药用，能清热解毒、消肿散结。

番木瓜 *Carica papaya* L.

科名 番木瓜科 Caricaceae　**属名** 番木瓜属 *Carica*

形态特征　常绿小乔木。茎干具螺旋状托叶痕。叶近盾形，直径可达 60 厘米，通常 5~9 深裂，每裂片再为羽状分裂；叶柄中空，长达 60~100 厘米。花单性或两性。浆果肉质，梨形或近圆球形，长 10~30 厘米或更长，果肉柔软多汁，味香甜。花果期全年。

分布　广布于世界热带和较温暖的亚热带地区。

用途　果实成熟可作水果；果实可提取木瓜酵素，帮助消化蛋白质；果、叶、梗药用，利湿消肿、催乳。

肋果茶 *Sladenia celastrifolia* Kurz

科名 肋果茶科 Sladeniaceae　**属名** 肋果茶属 *Sladenia*

形态特征　乔木。叶薄革质，互生，卵形或狭卵形，长 5~14 厘米，宽 2.5~6.8 厘米，顶端短渐尖或尾状渐尖，基部钝或近圆形，叶缘离基以上具小锯齿。聚伞花序，单生于叶腋；花瓣 5，覆瓦状排列；雄蕊 10~13 枚。果为蒴果，圆锥状，具纵棱 10 条以上。种子卵状披针形，黄褐色。

分布　产于云南南部及贵州兴义、广西隆林县。生于海拔 760~2500 米的山地森林、沟谷林、丛林中。

用途　木材坚韧，为家具、建筑的优良用材。

番石榴 *Psidium guajava* L.

科名 桃金娘科 Myrtaceae　属名 番石榴属 *Psidium*

形态特征　乔木。树皮平滑，灰色，片状剥落。嫩枝有棱。叶片革质，长圆形至椭圆形，长 6~12 厘米，宽 3.5~6 厘米，先端急尖或钝，基部近于圆形，上面稍粗糙，下面有毛，侧脉 12~15 对，常下陷，网脉明显。花单生或 2~3 朵排成聚伞花序，花瓣白色。浆果卵圆形。

分布　原产南美洲。现我国热带栽培。生于河谷、荒地或低丘陵。

用途　果供食用；叶含挥发油及鞣质等，供药用，有止痢、止血、健胃等功效；叶经煮沸去掉鞣质，晒干作茶叶用，味甘，有清热作用。

石风车子 *Combretum wallichii* DC.

科名 使君子科 Combretaceae　属名 风车子属 *Combretum*

形态特征　藤本。叶对生或互生，叶片椭圆形至长圆状椭圆形，长 5~13 厘米，宽 3~6 厘米，坚纸质，先端短尖或渐尖，基部渐狭。穗状花序腋生或顶生，在枝顶排成圆锥花序状；花数 4，长约 9 毫米。果具 4 翅，近圆形或扁椭圆形。花期 5~8 月，果期 9~11 月。

分布　产于云南、广西、贵州、四川。生于海拔（480）1000~1800（2300）米的山坡、路旁、沟边的杂木林或灌丛中，多见于石灰岩地区灌丛中。

用途　种子用于驱虫、清热解毒。

滇榄仁 *Terminalia franchetii* Gagnep.

科名 使君子科 Combretaceae　　属名 榄仁树属 *Terminalia*

形态特征　落叶乔木。小枝被金黄色柔毛。叶互生，椭圆形或阔卵形，长 5~6.5 厘米，宽 2.5~4.5 厘米，先端钝或微缺，基部钝圆或楔形，叶柄顶端具 2 腺体。穗状花序；萼管杯状，顶端具 5 裂齿；雄蕊 10，伸出萼筒外。果具等大的 3 翅。花期 4 月，果期 5~8 月。

分布　产于四川西南部、云南西北部。

用途　优良常绿乡土木本植物；木材优良。

千果榄仁 *Terminalia myriocarpa* Van Huerck et Muell.-Arg.

科名 使君子科 Combretaceae　　属名 榄仁树属 *Terminalia*

形态特征　常绿乔木。叶对生，厚纸质；叶片长椭圆形，长 10~18 厘米，宽 5~8 厘米，全缘或微波状，偶有粗齿；叶柄较粗，顶端有一对具柄的腺体。大型圆锥花序，顶生或腋生，长 18~26 厘米。红色花极小，数量极多，两性；雄蕊 10，突出。瘦果细小，极多数，有 3 翅，其中 2 翅等大。花期 8~9 月，果期 10 月至翌年 1 月。

分布　产于云南（中部至南部）、广西（龙津）和西藏（墨脱），为产区的习见上层树种之一。生于中低海拔山地、丘陵等土壤较湿润的地区。

用途　木材白色、坚硬，可作车船和建筑用材。

红芽木 *Cratoxylum formosum* subsp. *pruniflorum* (Kurz) Gogelein

科名 金丝桃科 Hypericaceae　　属名 黄牛木属 *Cratoxylum*

形态特征　落叶灌木或乔木。树干下部有水平向的长枝刺，皮层片状剥落，小枝对生，略扁，呈四棱形。叶片椭圆形，长4~10 厘米，宽 2~4 厘米，先端钝形或急尖，基部圆形，有透明的腺点。花序为团伞花序，花瓣倒卵形，淡粉色。蒴果椭圆形，黑褐色，无毛。种子倒卵形，基部狭爪状，不对称，一侧具翅。花期 3~4 月，果期 5 月以后。

分布　产于云南、广西南部。生于山地次生疏林或灌丛中。

用途　木材带红色，坚硬，纹理精致，宜作细工；树皮入药，煎水治牛马肠胃炎有效；嫩叶又可作茶叶代用品。

遍地金 *Hypericum wightianum* Wall. ex Wight et Arn.

科名 金丝桃科 Hypericaceae　　属名 金丝桃属 *Hypericum*

形态特征　一年生草本。叶无柄；叶片卵形或宽椭圆形，长 1~2.5 厘米，宽 0.5~1.5 厘米，基部略呈心形，抱茎。花序顶生，为二岐状聚伞花序；花小，直径约 6 毫米，斜展；萼片长圆形或椭圆形，边缘有具柄的黑腺齿；花瓣黄色，椭圆状卵形。雄蕊多数。蒴果近圆球形。种子褐色，圆柱形，表面有细蜂窝纹。花期 5~7 月，果期 8~9 月。

分布　产于云南、广西、四川、贵州。生于田地或路旁草丛中，海拔 800~2750 米。

用途　民间用全草外用或煎水内服，治毒蛇咬伤、黄水疮、小儿白口疮、乳腺炎等症。

文定果 *Muntingia calabura* L.

科名 文定果科 Muntingiaceae　属名 文定果属 *Muntingia*

形态特征　乔木或灌木。叶长椭圆形，基部偏斜，边缘有粗齿，枝叶均有糙毛，基出脉5条。花两性，单生或成对生于叶腋，白色，花瓣5，雄蕊20左右。果实圆球形，初绿色，成熟后红色。花果期几乎全年。

分布　产于云南热带地区。

用途　果实可食。

元江蚬木 *Burretiodendron kydiifolium* Hsu et Zhuge

科名 椴树科 Tiliaceae　属名 蚬木属 *Burretiodendron*

形态特征　半常绿或落叶乔木。叶近圆形，长7~15厘米，宽7~13厘米，先端急尖，基部广心形，边缘全缘或上部具三角状小裂片，基出脉7~9条，侧脉3对；叶柄长3.5~10厘米。雌雄异株或同株；雄花3~7朵排成总状或圆锥状花序；雌花单生。蒴果椭圆形，长3~4厘米，先端钝尖。花期4月，果期5~6月。

分布　产于云南。

用途　木材致密坚重，耐腐蚀，为产区优良建筑用材树种。

甜麻 *Corchorus aestuans* L.

科名 椴树科 Tiliaceae　　属名 黄麻属 *Corchorus*

形态特征　一年生草本。叶卵形，长4.5~6.5厘米，先端尖，基部圆，两面疏被长毛，边缘有锯齿，基部有1对线状小裂片，基出脉5~7条，叶柄长1~1.5厘米。花生叶腋，花序梗及花梗均极短，萼片5，窄长圆形，上部凹陷呈角状，先端有角，外面紫红色，花瓣5，与萼片等长，倒卵形，黄色，雄蕊多数。蒴果长筒形，具纵棱6条，3~4条呈翅状，顶端有3~4长角，角2分叉，成熟时3~4月裂，具多数种子。花期夏季。

分布　产于长江以南各省份。生于荒地、旷野、村旁。为南方各地常见的杂草。

用途　纤维可作黄麻代用品；嫩叶可食用及药用，有清凉解毒的功效。

长蒴黄麻 *Corchorus olitorius* L.

科名 椴树科 Tiliaceae　　属名 黄麻属 *Corchorus*

形态特征　木质草本。叶纸质，长圆披针形，长7~10厘米，宽2~4.5厘米，先端渐尖，基部圆形，两面均无毛，基出脉5条，中脉有侧脉7~10对，边缘有细锯齿，叶柄长1.6~3.5厘米，上部有柔毛，托叶卵状披针形，花单生或数朵排成腋生聚伞花序，花瓣与萼片等长或稍短，雄蕊多数。蒴果稍弯曲，具10棱，顶端有1凸起的角，5~6爿裂开，有横隔。种子倒圆锥形，略有棱。花期夏秋季。

分布　原产印度。我国南部各省份有栽培。

用途　茎皮多长纤维，可织制麻布及地毯等。

苘麻叶扁担杆 *Grewia abutilifolia* Vent ex Juss.

科名 椴树科 Tiliaceae　属名 扁担杆属 *Grewia*

形态特征　灌木或小乔木。嫩枝被黄褐色星状粗毛。叶纸质，阔卵圆形，长 7~11 厘米，宽 5~9 厘米，先端急短尖，基部圆形，基出脉 3 条，边缘有细锯齿，先端常有浅裂。聚伞花序簇生于叶腋；花瓣白色。核果被毛，有 2~4 颗分核。花期 6~7 月。

分布　产于云南、广西、广东及台湾。生于荒野灌丛草地上。

用途　根用于肝炎；叶用于痢疾。

椴叶扁担杆 *Grewia tiliifolia* Vahl

科名 椴树科 Tiliaceae　属名 扁担杆属 *Grewia*

形态特征　灌木。叶近圆形，长 8~9 厘米，宽 7~8 厘米，先端略尖，基部圆形或微心形，边缘有尖锯齿。聚伞花序；萼片长 8~9 毫米；花瓣长 5~6 毫米；雄蕊长 6~7 毫米。核果近球形，被星状毛。花期 4~6 月，果期 7~8 月。

分布　产于云南、广西。

用途　木材坚韧，宜作车辆弯曲部分用；茎皮纤维代麻用。

刺蒴麻 *Triumfetta rhomboidea* Jacquin

科名 椴树科 Tiliaceae　　属名 刺蒴麻属 *Triumfetta*

形态特征　亚灌木。嫩枝被灰褐色短茸毛，叶纸质，茎下部叶阔卵圆形，先端常 3 裂，基部圆形，茎上部叶长圆形，上面有疏毛，下面有星状柔毛，基出脉 3~5 条，边缘有不规则的粗锯齿，叶柄长 1~5 厘米。聚伞花序腋生，萼片狭长圆形，花瓣比萼片短，黄色，边缘有毛，雄蕊 10 枚。果球形，具钩刺。花期夏秋季间。

分布　产于云南、广西、广东、福建、台湾。

用途　全株供药用，辛温，消风散毒。

火绳树 *Eriolaena spectabilis* (DC.) Planchon ex Mast.

科名 梧桐科 Sterculiaceae　　属名 火绳树属 *Eriolaena*

形态特征　落叶灌木。叶卵形或广卵形，长 8~14 厘米，宽 6~13 厘米，上面被稀疏星状柔毛，下面密被灰白色或带褐色的星状茸毛，边缘有不规则的浅齿。聚伞花序腋生，具数朵花，密被茸毛；萼片 5 枚，条状披针形，密被星状短茸毛；花瓣 5 片，白色或带淡黄色，倒卵状匙形；雄蕊多数。蒴果木质，卵形或卵状椭圆形。种子具翅。花期 4~7 月。

分布　产于云南南部（富宁、金平、河口、思茅、景洪）、贵州南部（都匀、开阳）和广西隆林。四川金阳、渡口一带也有栽培。

用途　本种为紫胶虫的主要寄主；树皮的纤维可编绳。

山芝麻 *Helicteres angustifolia* L.

科名 梧桐科 Sterculiaceae　**属名** 山芝麻属 *Helicteres*

形态特征　小灌木。小枝被灰绿色短柔毛，叶狭矩圆形或条状披针形，长 3.5~5 厘米，宽 1.5~2.5 厘米，顶端钝或急尖，基部圆形，上面几无毛，下面被灰白色星状茸毛。聚伞花序有 2 至数朵花，花瓣 5，不等大，紫红色，基部有 2 个耳状附属体，雄蕊 10，退化雄蕊 5。蒴果卵状长圆形。种子小，褐色，有椭圆形小斑点。花期几乎全年。

分布　产于云南南部、湖南、江西南部、广东、广西中部和南部、福建南部和台湾。生于草坡上。为我国南部山地和丘陵地常见的小灌木。

用途　本种的茎皮纤维可做混纺原料。

细齿山芝麻 *Helicteres glabriuscula* Wall.

科名 梧桐科 Sterculiaceae　**属名** 山芝麻属 *Helicteres*

形态特征　灌木。叶偏斜状披针形，长 3.5~10 厘米，宽 1.5~3 厘米，顶端渐尖，基部斜心形，边缘有小锯齿，两面均被稀疏的星状短柔毛，叶柄短，被毛，托叶锥尖状。聚伞花序腋生，花瓣 5，蓝紫色，雄蕊 10。蒴果长圆柱形，密被长柔毛，顶端有短喙。种子多数，很小，花期几乎全年。

分布　产于云南南部、广西（龙州、上金、明江）、贵州。生于草坡上或灌丛中。

用途　清热解毒，截疟，杀虫，用于疟疾。

火索麻 *Helicteres isora* L.

科名 梧桐科 Sterculiaceae　　属名 山芝麻属 *Helicteres*

形态特征　灌木。叶卵形，长 10~12 厘米，宽 7~9 厘米，顶端短渐尖且常具小裂片，基部圆形或斜心形，边缘具锯齿，基生脉 5 条；托叶条形，早落。聚伞花序腋生；花红色或紫红色；花瓣 5，不等大，前面 2 枚较大；雄蕊 10，退化雄蕊 5。蒴果圆柱状，螺旋状扭曲，成熟时黑色。种子细小。花期 4~10 月。

分布　产于云南南部及海南岛东南部。生于海拔 100~580 米的草坡和村边的丘陵地上或灌丛中，性耐干旱。

用途　本种的茎皮纤维可织麻袋、编绳和造纸等，也可以作人造棉和棉毛混纺的原料，成品的质量很好。根可药用，可治慢性胃炎和胃溃疡。

梅蓝 *Melhania hamiltoniana* Wallich

科名 梧桐科 Sterculiaceae　　属名 梅蓝属 *Melhania*

形态特征　小灌木。小枝密被淡黄褐色短柔毛，叶广卵形或椭圆状卵形，长 2.5~4 厘米，宽 1.5~3 厘米，顶端钝，基部圆形或浅心形，两面均密被短柔毛，下面带灰白色，叶缘有细锯齿，叶柄长 1~1.5 厘米，托叶条状锥尖形，远比叶柄短。聚伞花序腋生，通常有花 3 朵，萼片 5，披针形，花瓣 5，黄色，倒卵状三角形，顶端截形。蒴果卵形，顶端钝。种子椭圆形，黑褐色。

分布　产于云南元江。生于江边海拔 400~450 米的石山草坡灌丛中。

用途　濒危种，有一定的科研价值。

变叶翅子树 *Pterospermum proteus* Burkill

科名 梧桐科 Sterculiaceae　　属名 翅子树属 *Pterospermum*

形态特征　小乔木。嫩枝密被白色带淡黄褐色短柔毛，叶有多种形态，有近圆形、矩圆形和矩圆状倒梯形等，常不对称，长 5~11 厘米，宽 2~5.5 厘米，顶端渐尖、截形、心形或钝，基部浅斜心形或盾形，全缘或不规则浅裂，下面密被红褐色短柔毛。花 1~4 朵集生于叶腋，花瓣 5 片，狭条形，雄蕊比花瓣略短。蒴果卵形，有 5 棱和 5 个略平坦的凹陷面，外面密被红褐色星状茸毛。种子具翅。

分布　产于云南南部。生于海拔 950~1700 米的石灰岩山顶上和疏林中。为我国南部山地和丘陵地常见的小灌木。

用途　耐干旱，可用于石灰岩及干热河谷造林。

家麻树 *Sterculia pexa* Pierre

科名 梧桐科 Sterculiaceae　　属名 苹婆属 *Sterculia*

形态特征　乔木。叶为掌状复叶，有小叶 7~9 片，小叶倒卵状披针形，长 9~23 厘米，宽 4~6 厘米，顶端渐尖，基部楔形，上面几无毛，下面密被星状短柔毛，托叶三角状披针形。花序集生于小枝顶端，为总状花序或圆锥花序，长达 2.0 厘米，花萼白色，钟形，5 裂，雄花的雌雄蕊柄线状，无毛，雌花的子房圆球形，5 室，密被短茸毛。蓇葖果红褐色，矩圆状椭圆形并略微成镰刀形。种子矩圆形，黑色。花期 10 月。

分布　产于云南。生于阳光充足的干旱坡地。

用途　枝皮纤维丰富，且坚韧结实，耐水性强，可做绳索和各种麻类代用品，也可造纸；种子煮熟可食；木材坚硬，可制家具。

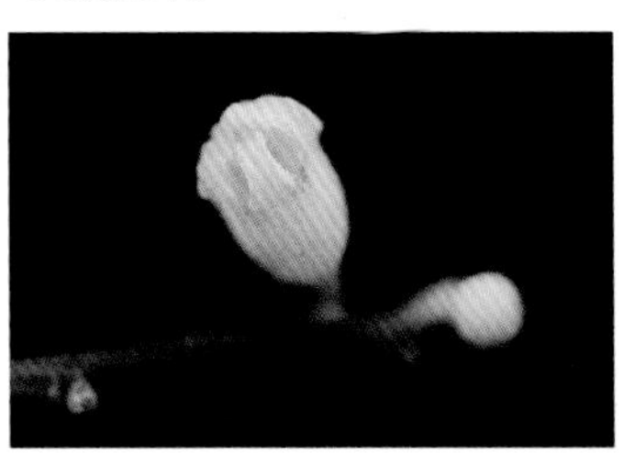

蛇婆子 *Waltheria indica* L.

科名 梧桐科 Sterculiaceae　　属名 蛇婆子属 *Waltheria*

形态特征　匍匐状亚灌木。小枝密被短柔毛，叶长椭圆状卵形，长 2.5~4.5 厘米，宽 1.5~3 厘米，顶端钝，基部浅心形，边缘有小齿，两面均密被短柔毛。聚伞花序腋生，花瓣 5，淡黄色，匙形，雄蕊 5。蒴果小，2 瓣裂，倒卵形。花期夏秋季。

分布　产于云南、台湾、福建、广东、广西等省份的南部。生于山野向阳草坡上。

用途　本种的茎皮纤维可织麻袋。耐旱耐瘠薄，可作保土植物。

木棉 *Bombax ceiba* L.

科名 木棉科 Bombacaceae　　属名 木棉属 *Bombax*

形态特征　落叶乔木。树皮灰白色。掌状复叶，小叶 5~7 片，长圆形至长圆状披针形，长 10~16 厘米，宽 3.5~5.5 厘米，顶端渐尖，基部阔或渐狭，全缘。花单生枝顶叶腋，通常红色，花瓣肉质，倒卵状长圆形。蒴果长圆形。花期 3~4 月，果夏季成熟。

分布　产于云南、四川、贵州、广西、江西、广东、福建、台湾等省份。生于海拔 1400 米以下的干热河谷及稀树草原，也可生长在沟谷季雨林内。

用途　花可供蔬食，入药清热除湿，能治菌痢、肠炎、胃痛；根皮祛风湿、理跌打；花大而美，树姿巍峨，可作为庭园观赏树、行道树。

美丽异木棉 *Ceiba speciosa* (A.St.-Hil.) Ravenna

科名 木棉科 Bombacaceae　　属名 吉贝属 *Ceiba*

形态特征　落叶大乔木。树干下部膨大，密生皮刺。掌状复叶，小叶 5~9 片，小叶椭圆形，长 11~14 厘米。花单生，花冠淡紫红色，中心白色；花瓣 5，反卷，花丝合生成雄蕊管。蒴果椭圆形。花期 10~12 月。

分布　原产于南美洲。在广东、福建、广西、海南、云南、四川等南方城市广泛栽培。

用途　优良观花乔木，可作庭园绿化、行道树种。

黄蜀葵 *Abelmoschus manihot* (L.) Medicus

科名 锦葵科 Malvaceae　　属名 秋葵属 *Abelmoschus*

形态特征　一年生或多年生草本。叶掌状 5~9 深裂，裂片长圆状披针形，长 8~18 厘米，宽 1~6 厘米，具粗钝锯齿，两面疏被长硬毛。花单生于枝端叶腋；萼佛焰苞状，5 裂，近全缘；花大，淡黄色，内面基部紫色。蒴果卵状椭圆形。种子多数，肾形。花期 8~10 月。

分布　产于云南、河北、山东、河南、陕西、湖北、湖南、四川、贵州、广西、广东和福建等省份。生于山谷草丛、田边或沟旁灌丛间。

用途　本种花大色美，栽培供园林观赏用；根含黏质，可作造纸糊料；种子、根和花可入药。

磨盘草 *Abutilon indicum* (L.) Sweet

科名 锦葵科 Malvaceae　　属名 苘麻属 *Abutilon*

形态特征　一年生或多年生直立亚灌木草本。小枝、叶柄及花梗均被灰色柔毛并混生丝状长柔毛，叶卵圆形，长 2.5~9 厘米，先端尖，基部心形，具不规则钝齿，两面被灰白色星状柔毛，叶柄长 2~5 厘米，托叶钻形，密被灰色柔毛，常外弯。花单生叶腋，花冠黄色，花瓣 5。分果近球形，顶端平截，似磨盘。种子肾形，被星状疏柔毛。花期 7~10 月。

分布　产于云南、福建、台湾、广东、香港、海南、广西、贵州及四川。生于海拔 800 米以下平原、海边、沙地、旷野、山坡、河谷或路旁。

用途　本种皮层纤维可作为麻类的代用品，供织麻布、搓绳索和加工成人造棉供织物和垫充料。

树棉 *Gossypium arboreum* L.

科名 锦葵科 Malvaceae　　属名 棉属 *Gossypium*

形态特征　多年生灌木。叶掌状 5 深裂，直径 4~8 厘米，裂片长圆状披针形；叶柄长 2~4 厘米，被茸毛和长柔毛。花单生叶腋；小苞片 3，三角形，近基部合生，顶端具 3~4 齿；花萼浅杯状，近截形；花淡黄色，花瓣倒卵形，长 4~5 厘米。蒴果圆锥形，长约 3 厘米，具喙。种子混生长棉毛和不易剥离的短棉毛。花期 6~9 月。

分布　原产印度。现亚洲和非洲热带广泛栽培。为我国久经栽培的土棉之一。

用途　本种棉纤维较粗短；种子供榨油用。

云南芙蓉 *Hibiscus yunnanensis* S. Y. Hu

科名 锦葵科 Malvaceae　　属名 木槿属 *Hibiscus*

形态特征　多年生草本。全株被茸毛。叶卵形，不分裂，茎下部叶长约 10 厘米，宽 7~9 厘米，先端钝或渐尖，基部心形；茎上部叶长 2.5~6 厘米，先端渐尖，基部圆形。花单生或聚伞花序；花萼浅杯形，长约 1 厘米；花黄色，钟形，直径约 2.5 厘米，花瓣倒卵形。蒴果近圆球形，具 5 角棱的翅；宿存萼叶状。种子肾形，无毛，具腺状乳突。种子花期 7~8 月。

分布　产于云南南部。生于干热山坡阳处草丛间。

用途　濒危种，有一定科研价值。

赛葵 *Malvastrum coromandelianum* (L.) Gurcke

科名 锦葵科 Malvaceae　　属名 赛葵属 *Malvastrum*

形态特征　亚灌木状草本。叶卵状披针形或卵形，长 3~6 厘米，宽 1~3 厘米，先端钝尖，基部宽楔形至圆形，边缘具粗锯齿。花单生叶腋；花萼浅杯状，5 裂，裂片卵形；花瓣 5，黄色，倒卵形；雄蕊柱长约 6 毫米。果直径约 6 毫米。分果爿 8~12，肾形，具 2 芒刺。花期几全年。

分布　产于云南、台湾、福建、广东和广西等省份。生于干热草坡。

用途　全草入药，可治疮疖。

黄花棯 *Sida acuta* Burm. F.

科名 锦葵科 Malvaceae 属名 黄花棯属 *Sida*

形态特征 直立亚灌木状草本。叶披针形，长2~5厘米，宽4~10毫米，先端短尖或渐尖，基部圆或钝，具锯齿；托叶线形，与叶柄近等长，常宿存。花单朵或成对生于叶腋；花黄色。蒴果近圆球形。花期冬春季。

分布 产于云南、台湾、福建、广东和广西。生于山坡灌丛间、路旁或荒坡。

用途 茎皮纤维供绳索料；根、叶可入药用，有抗菌消炎的功效。

长梗黄花棯 *Sida cordata* (Burm. F.) Borss.

科名 锦葵科 Malvaceae 属名 黄花棯属 *Sida*

形态特征 披散亚灌木状草木。叶心形，长1~5厘米，先端渐尖，边缘具钝齿或锯齿，两面均被星状柔毛；托叶线形，疏被柔毛。花腋生，通常单生或簇生成具叶的总状花序，疏被星状柔毛和长柔毛；花黄色。蒴果近球形，分果爿5，不具芒。花期7月至翌年2月。

分布 产于云南、台湾、福建、广东、广西等省区。生于山谷灌丛或路边草丛中。

用途 利尿、清热解毒；用于水肿、小便淋痛。

粘毛黄花棯 *Sida mysorensis* Wight et Arn.

科名 锦葵科 Malvaceae　　属名 黄花棯属 *Sida*

形态特征　直立草本或亚灌木状。茎、枝被黏质的星状腺毛和长柔毛。叶卵心形，长 3~6 厘米，宽 2.5~4.5 厘米，先端渐尖，基部心形，边缘具钝齿，两面均被黏质星状柔毛；托叶线形。花黄色，雄蕊柱被长硬毛。蒴果近球形，分果爿 5，卵状三角形，顶端无芒，具短尖头，包藏于宿萼内。种子卵形，无毛。花期冬春季。

分布　产于云南、台湾、广东、广西等省份。生于林缘、草坡或路边草丛间。

用途　具有清热解毒、活血消肿、止咳的功效。

云南黄花棯 *Sida yunnanensis* S. Y. Hu

科名 锦葵科 Malvaceae　　属名 黄花棯属 *Sida*

形态特征　直立灌木。叶椭圆形、长圆形或倒卵形，长 1~4 厘米，宽 1~3 厘米，两端钝或圆，边缘具钝锯齿。花簇生，花梗果时延长；花萼长约 4 毫米，被星状柔毛；花黄色，直径约 1 厘米，花瓣倒卵状楔形，长约 8 毫米。分果爿 6~7，长 3~4 毫米，顶端具 2 芒。花期秋冬季。

分布　产于云南、贵州、四川、广西和广东等省份。

用途　不详。

云南地桃花 *Urena lobata* var. *yunnanensis* S.Y.Hu

科名 锦葵科 Malvaceae　　属名 梵天花属 *Urena*

形态特征　直立亚灌木状草本。茎下部的叶卵形，常掌状 3~5 浅裂，具不整齐齿牙，上部的叶卵形或椭圆形，边缘具不整齐齿牙。托叶线形，早落。花近簇生，很少单生；花瓣 5，倒卵形。果扁球形，分果爿被星状短柔毛和锚状刺。花期 7~10 月。

分布　产于云南、四川、贵州和广西等省份。生于山坡灌丛或沟谷草丛间。

用途　行气活血、祛风解毒；用于跌打损伤。

小花风筝果 *Hiptage minor* Dunn

科名 金虎尾科 Malpighiaceae　　属名 风筝果属 *Hiptage*

形态特征　直立灌木或藤本。叶对生，卵形或披针形，长 4~8 厘米，宽 2.5~3.5 厘米，先端渐尖，基部楔形。总状花序；花芳香，萼片三角形或近圆形，长 2 毫米；花瓣白色，近圆形，长 7~8 毫米，边缘具流苏。翅果，中间翅长圆状椭圆形，顶端 2~3 浅裂或圆形，侧翅顶端圆形或有齿裂。花期 3~4 月，果期 4~5 月。

分布　产于云南、贵州。生于山坡疏林或灌丛中。

用途　不详。

石栗 *Aleurites moluccana* (L.) Willd.

科名 大戟科 Euphorbiaceae 属名 石栗属 *Aleurites*

形态特征 常绿乔木。树皮暗灰色。叶纸质，卵形至椭圆状披针形，长 14~20 厘米，宽 7~17 厘米，顶端短尖至渐尖，基部阔楔形或钝圆，全缘或有浅裂；叶柄顶端有 2 枚扁圆形腺体。花雌雄同株；花瓣长圆形，乳白色至乳黄色；雄花：雄蕊 15~20；雌花：子房密被星状微柔毛。核果近球形，直径 5~6 厘米。种子圆球状，侧扁，有疣状突棱。花期 4~10 月。

分布 产于云南、福建、台湾、广东、海南、广西等省份。

用途 种子含油量达 26%，系干性油，供工业用；也可作行道树或庭园绿化树种。

重阳木 *Bischofia polycarpa* (Lévl.) Airy Shaw

科名 大戟科 Euphorbiaceae 属名 秋枫属 *Bischofia*

形态特征 落叶乔木。三出复叶，顶生小叶卵形或椭圆状卵形，长 5~14 厘米，宽 3~9 厘米，顶端渐尖，基部圆或浅心形，边缘具钝细锯齿；小叶柄长 1.5~6 厘米。雌雄异株。雄花序长 8~13 厘米，雌花序 3~12 厘米。果实浆果状，圆球形，直径 5~7 毫米。花期 4~5 月，果期 10~11 月。

分布 产于秦岭、淮河流域以南至福建和广东。生于山地林中或平原。

用途 材质坚韧，结构细匀，适于建筑、造船、车辆、家具等用材；种子含油量较高，可用作食用油、润滑油和肥皂油。

钝叶黑面神 *Breynia retusa* (Dennst.) Alston

科名 大戟科 Euphorbiaceae **属名** 黑面神属 *Breynia*

形态特征　灌木。小枝具四棱，全株均无毛。叶片革质，椭圆形，长 1.5~2.5 厘米，宽 7~15 毫米，顶端钝至圆形，基部圆形，上面绿色，近叶缘处密被小鳞片，下面粉绿色，托叶卵状披针形。花小，黄绿色。蒴果近圆球状，果皮肉质，不开裂，橙红色。花期 4~9 月，果期 7~11 月。

分布　产于云南、贵州（罗田、兴仁）和西藏（墨脱）。生于海拔 1000~2000 米山地疏林下或山谷灌木丛中。

用途　根入药，有小毒，治妇科疾病，预防流脑；叶捣汁，可治湿疹皮炎。

土蜜藤 *Bridelia stipularis* (L.) Bl.

科名 大戟科 Euphorbiaceae **属名** 土蜜树属 *Bridelia*

形态特征　木质藤本。叶片近革质，椭圆形，长 6~15 厘米，宽 2~9 厘米，顶端急尖或钝，基部钝至近圆，叶柄长 5~13 毫米，托叶卵状三角形，常早落。花雌雄同株，通常 2~3 朵着生小枝的叶腋内。核果卵形。种子长圆形。花果期几乎全年。

分布　产于云南、台湾、广东、海南、广西等省份。生于海拔 150~1500 米山地疏林下或溪边灌丛中。

用途　药用，果可催吐解毒；根有消炎、止泻的功效。

细齿大戟 *Euphorbia bifida* Hook.

科名 大戟科 Euphorbiaceae　　属名 大戟属 *Euphorbia*

形态特征　一年生草本。叶对生，长椭圆形至宽线形，长 1~2.5 厘米，宽 2~5 毫米，先端钝尖或渐尖，基部近平截或稍偏斜；边缘具细锯齿。花序常聚生；雄花数枚，雌花 1，均略伸出总苞外。蒴果三棱状。种子三棱圆柱状。花果期 4~10 月。

分布　产于云南、江苏、浙江、江西、福建、台湾、广东、广西、海南和贵州。生于山坡、灌丛、路旁及林缘。

用途　不详。

白苞猩猩草 *Euphorbia heterophylla* L.

科名 大戟科 Euphorbiaceae　　属名 大戟属 *Euphorbia*

形态特征　多年生草本。叶卵形至披针形，长 3~12 厘米，宽 1~6 厘米，先端渐尖，基部钝至圆。花序单生；总苞钟状，边缘 5 裂，裂片边缘具毛。雄花多枚；雌花 1；花柱中部以下合生。蒴果卵球状。种子棱状卵形，被瘤状凸起。花果期 2~11 月。

分布　原产北美。我国云南、台湾、四川有逸生。

用途　调经、止血、止咳、接骨、消肿；用于月经不调、跌打损伤、骨折等。

飞扬草 *Euphorbia hirta* L.

科名 大戟科 Euphorbiaceae　　属名 大戟属 *Euphorbia*

形态特征　一年生草本。叶对生，披针状长圆形，长 1~5 厘米，宽 5~13 毫米，先端极尖或钝，基部略偏斜，边缘于中部以上有细锯齿，叶面绿色，叶背灰绿色，有时具紫色斑，两面均具柔毛，叶背面脉上的毛较密。花序多数，在叶腋处密集成头状。蒴果三棱状。种子近圆状四棱，每个棱面有数个纵槽，无种阜。花果期 6~12 月。

分布　产于云南、江西、湖南、福建、台湾、广东、广西、海南、四川、贵州。生于路旁、草丛、灌丛及山坡，多见于沙质土。

用途　全草可入药，有清热解毒、利湿止痒、通乳的功效。

通奶草 *Euphorbia hypericifolia* L.

科名 大戟科 Euphorbiaceae　　属名 大戟属 *Euphorbia*

形态特征　一年生草本。叶对生，狭长圆形，长 1~2.5 厘米，宽 4~8 毫米，先端钝或圆，基部圆形，通常偏斜，不对称，边缘全缘或基部以上具细锯齿，上面深绿色，下面淡绿色，有时略带紫红色，叶柄极短，托叶三角形，苞叶 2，与茎生叶同形。花序数个簇生于叶腋或枝顶，腺体 4。蒴果三棱状。种子卵棱状。花果期 8~12 月。

分布　产于长江以南的云南、江西、台湾、湖南、广东、广西、海南、四川、贵州。生于旷野荒地、路旁、灌丛及田间。

用途　全草入药，有清热解毒、散血止血、利水、通奶的功效。

铁海棠 *Euphorbia milii* Des Moulins

科名 大戟科 Euphorbiaceae　　属名 大戟属 *Euphorbia*

形态特征　蔓生灌木。茎多分枝，具纵棱，密生锥状刺，呈旋转排列。叶互生，常集生于嫩枝上，倒卵形，长1.5~5.0 厘米，宽 0.8~1.8 厘米，先端圆，具小尖头，基部渐狭，全缘，托叶钻形，早落。花序二歧状复花序，生于枝上部叶腋，苞叶 2，肾圆形，上面鲜红色，下面淡红色。腺体 5，肾圆形，黄红色。蒴果三棱状卵圆形。花果期全年。

分布　原产非洲。我国南北方均有栽培。生于温暖湿润、阳光充足的环境。

用途　花期长，花色鲜艳，常用于观赏；乳汁可入药，可治痈疮、水肿等症。

匍匐大戟 *Euphorbia prostrata* Ait.

科名 大戟科 Euphorbiaceae　　属名 大戟属 *Euphorbia*

形态特征　一年生草本。叶对生，椭圆形至倒卵形，长 3~8 毫米，宽 2~5 毫米，先端圆，基部偏斜。花序单生或簇生；总苞陀螺状，边缘 5 裂，裂片三角形或半圆形。雄花数个；雌花 1 枚，常伸出总苞之外；花柱基部合生。蒴果三棱状，种子卵状四棱形。花果期 4~10 月。

分布　原产美洲热带和亚热带，归化于旧大陆的热带和亚热带。产于我国江苏、湖北、福建、台湾、广东、海南和云南等地。生于路旁和其他灌丛中。

用途　全草可入药，有治疗痢疾、肠炎、咽喉炎、痛风及风湿病等功效。

霸王鞭 *Euphorbia royleana* Boissier

科名 大戟科 Euphorbiaceae　　属名 大戟属 *Euphorbia*

形态特征　肉质灌木，具丰富的乳汁。茎与分枝具5~7棱，每棱均有微隆起的棱脊，脊上具波状齿。叶互生，密集于分枝顶端，倒披针形至匙形，长5~15厘米，宽1~4厘米，先端钝，基部渐窄，边缘全缘，托叶刺状。花序二歧聚伞状着生于节间凹陷处，且常生于枝顶。蒴果三棱状。种子圆柱状。花果期5~7月。

分布　分布于云南、广西（西部）、四川等地。

用途　全株及乳汁入药，有祛风、消炎、解毒的功效。

异序乌桕 *Falconeria insignis* Royle

科名 大戟科 Euphorbiaceae　　属名 异序乌桕属 *Falconeria*

形态特征　落叶乔木。叶互生，密集于枝顶，叶片椭圆形，长10~20厘米，宽3~9厘米，顶端渐尖至尾状渐尖，基部短狭，边缘有钝齿或近全缘，侧脉10~20对，叶柄2.5~6厘米，顶端有腺体。花单性，雌雄异株，聚集成顶生的穗状花序。果浆状，卵状球形。种子球形。有假种皮。花期3~4月，果期5~12月。

分布　分布于云南、四川及海南。

用途　叶、皮可用于毒蛇咬伤。

毛白饭树 *Flueggea acicularis* (Croiz.) Webster

科名 大戟科 Euphorbiaceae　　属名 白饭树属 *Flueggea*

形态特征　灌木。枝条具棱，有明显皮孔。叶片纸质，倒卵形，长 3~7 毫米，宽 2~5 毫米，托叶披针形。雌雄异株，雄花单朵腋生或数朵簇生短枝上，雌花着生于叶腋。蒴果浆果状，圆球形。花期 3~5 月，果期 6~10 月。

分布　产于云南、湖北、四川等省份。生于海拔 300~400 米山地灌丛中。

用途　叶治水痘、湿疹。

革叶算盘子 *Glochidion daltonii* (Muell. Arg.) Kurz

科名 大戟科 Euphorbiaceae　　属名 算盘子属 *Glochidion*

形态特征　灌木或乔木。叶片纸质或近革质，披针形或椭圆形，长 3~12 厘米，宽 1.5~3 厘米，顶端渐尖或短渐尖，基部宽楔形。花簇生于叶腋内，基部有 2 枚苞片；雄花：花梗长 5~8 毫米，萼片 6，长圆形或卵状长圆形，雄蕊 3；雌花：几无花梗，萼片 6，与雄花相同。蒴果扁球状。花期 3~5 月，果期 4~10 月。

分布　产于云南、山东、江苏、安徽、浙江、江西、湖北、湖南、广东、广西、四川、贵州等省份。生于海拔 200~1700 米山地疏林中或山坡灌木丛中。

用途　叶、茎皮和幼果均含丰富鞣质，可提制栲胶。

四裂算盘子 *Glochidion ellipticum* Wight

科名 大戟科 Euphorbiaceae　　属名 算盘子属 *Glochidion*

形态特征　乔木。叶片宽椭圆形、卵形至披针形，长 9~15 厘米，宽 3.5~4.5 厘米，顶端渐尖，基部钝。花序簇生；雄花直径约 3 毫米，萼片 6，长圆形或倒卵状长圆形；雄蕊 3，合生；雌花萼片与雄花相同；花柱合生呈圆锥状。蒴果扁球状。种子半圆球形，红色。

分布　产于云南、台湾、广东、海南、广西和贵州等省份。生于山地常绿阔叶林或河旁灌丛中。

用途　果实可供观赏；叶可入药用，有治疗湿疹、痈疮肿毒的功效。

算盘子 *Glochidion puberum* (L.) Hutch.

科名 大戟科 Euphorbiaceae　　属名 算盘子属 *Glochidion*

形态特征　直立灌木。叶片纸质或近革质，长圆形或倒卵状长圆形，长 3~8 厘米，宽 1~2.5 厘米，顶端钝、急尖、短渐尖或圆，基部楔形至钝。花小，雌雄同株或异株，2~5 朵簇生于叶腋内；雄花：花梗长 4~15 毫米，萼片 6，雄蕊 3；雌花：花梗长约 1 毫米；萼片 6，与雄花相似，但较短而厚。蒴果扁球状，边缘有 8~10 条纵沟。种子近肾形，具三棱。花期 4~8 月，果期 7~11 月。

分布　产于云南、陕西、甘肃、江苏、安徽、浙江、江西、福建、台湾、河南、湖北、湖南、广东、海南、广西、四川、贵州和西藏等省份。生于海拔 300~2200 米山坡、溪旁灌木丛中或林缘。

用途　种子可榨油，含油量 20%，供制肥皂或作润滑油；根、茎、叶和果实均可入药用，有活血散瘀、消肿解毒的功效；全株可提制栲胶；叶可作绿肥。

水柳 *Homonoia riparia* Lour.

科名 大戟科 Euphorbiaceae　　属名 水柳属 *Homonoia*

形态特征　灌木。小枝具棱，被柔毛。叶纸质，互生，线状长圆形或狭披针形，长 6~20 厘米，宽 1.2~2.5 厘米，顶端渐尖，具尖头，基部急狭或钝，全缘或具疏生腺齿；托叶钻状，脱落。雌雄异株，花序腋生。蒴果近球形。种子近卵状。花期 3~5 月，果期 4~7 月。

分布　产于云南东南部至西南部、台湾、海南、广西南部和西部、贵州南盘江沿岸、四川雅砻江下游和金沙江沿岸。生于河流两岸冲积地或主河岸灌林中或溪流两岸石隙中。

用途　种子可榨油，供工业用；木材质地致密，可作薪材及造纸原料。

麻风树 *Jatropha curcas* L.

科名 大戟科 Euphorbiaceae　　属名 麻风树属 *Jatropha*

形态特征　灌木或小乔木，具水状液汁。树皮平滑，叶纸质，近卵圆形，长 7~18 厘米，宽 6~16 厘米，顶端短尖，基部心形，全缘或 3~5 浅裂，掌状脉 5~7 条，叶柄长 6~18 厘米，托叶小。花序腋生。蒴果椭圆状，黄色。种子椭圆状，黑色。花期 9~10 月。

分布　原产美洲热带。现于我国云南、福建、台湾、广东、海南、广西、贵州、四川等省份栽培或逸为野生。

用途　种子含油量高，可榨油，供工业或医药用。

毛桐 *Mallotus barbatus* (Wall.) Muell. Arg.

科名 大戟科 Euphorbiaceae　　属名 野桐属 *Mallotus*

形态特征　小乔木。嫩枝、叶柄和花序均被黄棕色星状长茸毛。叶互生、纸质，卵状三角形或卵状菱形，长 13~35 厘米，宽 12~28 厘米，顶端渐尖，基部圆形或截形，边缘具锯齿或波状；掌状脉 5~7 条。花雌雄异株，总状花序顶生；雄花：花蕾球形或卵形；雌花：花梗长约 2.5 毫米。蒴果排列较稀疏，球形，密被淡黄色星状毛。种子卵形，黑色。花期 4~5 月，果期 9~10 月。

分布　产于云南、四川、贵州、湖南、广东和广西等。生于海拔 400~1300 米林缘或灌丛中。

用途　茎皮纤维可作造纸原料；木材质地轻软，可制器具；种子油可作工业用油。

木薯 *Manihot esculenta* Crantz

科名 大戟科 Euphorbiaceae　　属名 木薯属 *Manihot*

形态特征　直立灌木。块根圆柱状。叶纸质，轮廓近圆形，长 10~20 厘米，掌状深裂几达基部，裂片 3~7 片，倒披针形至狭椭圆形，顶端渐尖，全缘；托叶三角状披针形。圆锥花序顶生或腋生。蒴果椭圆状，表面粗糙，具 6 条波状纵翅。种子稍具三棱，种皮硬壳质，具斑纹，光滑。花期 9~11 月。

分布　原产巴西，现全世界热带地区广泛栽培。我国云南、福建、台湾、广东、海南、广西、贵州等省份有栽培，偶有逸为野生。

用途　木薯的块根富含淀粉，是工业淀粉原料之一。

余甘子 *Phyllanthus emblica* L.

科名 大戟科 Euphorbiaceae　　属名 叶下珠属 *Phyllanthus*

形态特征　小乔木。叶片纸质至革质，2 列，线状长圆形，长 8~20 毫米，宽 2~6 毫米，顶端截平或钝圆，有锐尖头或微凹，基部浅心形而稍偏斜，上面绿色，下面浅绿色，叶柄长 0.3~0.7 毫米，托叶三角形。聚伞花序。蒴果呈核果状，圆球形，外果皮肉质，内果皮硬壳质。种子略带红色。花期 4~6 月，果期 7~9 月。

分布　产于云南、江西、福建、台湾、广东、海南、广西、四川、贵州等省份。生于海拔 200~2300 米山地疏林、灌丛、荒地或山沟向阳处。

用途　树姿优美，可作庭园风景树，亦可栽培为果树；果实富含维生素，供食用，有生津止渴，润肺化痰，治咳嗽、喉痛，解河豚鱼中毒等功效。

珠子草 *Phyllanthus niruri* L.

科名 大戟科 Euphorbiaceae　　属名 叶下珠属 *Phyllanthus*

形态特征　一年生草本。叶片长椭圆形，长 5~10 毫米，宽 2~5 毫米，顶端钝、圆或近截形，基部偏斜。通常 1 朵雄花和 1 朵雌花双生叶腋；雄花萼片 5，倒卵形或宽卵形；雌花萼片 5，不相等，宽椭圆形或倒卵形。蒴果扁球状，成熟后开裂为 3 个 2 裂的分果爿，轴柱及萼片宿存。花果期 1~10 月。

分布　产于云南、台湾、广东、海南、广西等省份。生于旷野草地、山坡或山谷向阳处。

用途　全株供药用，有止咳祛痰的功效。

小果叶下珠 *Phyllanthus reticulatus* Poir.

科名 大戟科 Euphorbiaceae　　属名 叶下珠属 *Phyllanthus*

形态特征　灌木。叶片膜质至纸质，椭圆形、卵形至圆形，长1~5厘米，宽0.7~3厘米，顶端急尖，基部钝至圆，下面有时灰白色。通常2~10朵雄花和1朵雌花簇生于叶腋。蒴果呈浆果状，球形或近球形，红色，干后灰黑色，不分裂。种子三棱形，褐色。花期3~6月，果期6~10月。

分布　产于云南、江西、福建、台湾、湖南、广东、海南、广西、四川、贵州等省份。生于海拔200~800米山地林下或灌木丛中。

用途　根、叶供药用；主治驳骨、跌打损伤。

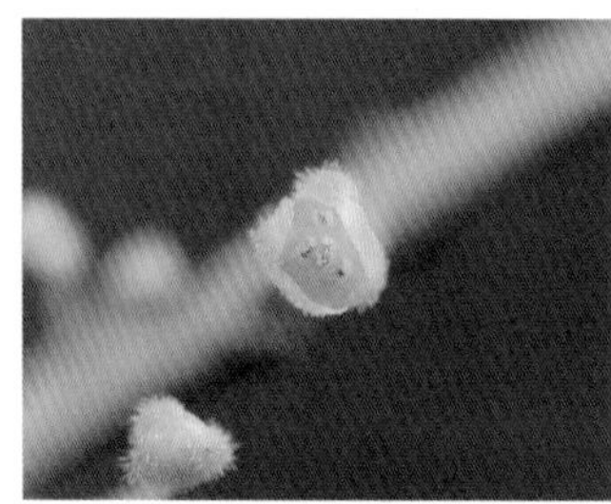

黄珠子草 *Phyllanthus virgatus* Forst. F.

科名 大戟科 Euphorbiaceae　　属名 叶下珠属 *Phyllanthus*

形态特征　一年生草本。茎基部具窄棱，全株无毛，叶片近革质，线状披针形，顶端钝或急尖，有小尖头，基部圆而稍偏斜，几无叶柄，托叶膜质，卵状三角形。通常2~4朵雄花和1朵雌花同簇生于叶腋。蒴果扁球形，紫红色。种子小，具细疣点。花期4~5月，果期6~11月。

分布　产于河北、山西、陕西、华东、华中、华南和西南等省份。生于平原至海拔1350米山地草坡、沟边草丛或路旁灌丛中。

用途　全株入药，有清热利湿的功效。

蓖麻 *Ricinus communis* L.

科名 大戟科 Euphorbiaceae 属名 蓖麻属 *Ricinus*

形态特征 一年生粗壮草质灌木。小枝、叶和花序通常被白霜，茎多液汁，叶轮廓近圆形，掌状7~11裂，裂缺几达中部，裂片卵状长圆形，边缘具锯齿。总状花序或圆锥花序。蒴果卵球形，果皮具软刺或平滑。种子椭圆形，微扁平，斑纹淡褐色或灰白色。花期几全年。

分布 广布于全世界热带至温带地区。产于我国华南和西南地区。生于村旁疏林或河流两岸冲积地。

用途 蓖麻油在工业上用途广，在医药上作缓泻剂。

心叶宿萼木 *Strophioblachia glandulosa* var. *cordifolia* Airy Shaw

科名 大戟科 Euphorbiaceae 属名 宿萼木属 *Strophioblachia*

形态特征 小灌木。嫩枝密被微柔毛，成长枝灰褐色，散生细小皮孔，无毛。叶纸质，卵形，长8~11厘米，宽4~6厘米，顶端短尖至急尖，基部心形，全缘，下面沿脉初密被微柔毛，后两面无毛，基出脉3~5条，叶柄长2~6厘米。聚伞状花序。蒴果近球形，具3纵沟，棕褐色，无毛。种子椭圆状。花期5月。

分布 产于云南南部。生于海拔500米以下河谷灌木林中。

用途 不详。

乌桕 *Triadica sebifera* (L.) Small

科名 大戟科 Euphorbiaceae　　属名 乌桕属 *Triadica*

形态特征　乔木。无毛，枝带灰褐色，具细纵棱，有皮孔。叶互生，纸质，阔卵形，长 7~10 厘米，宽 5~9 厘米，顶端短渐尖，基部阔而圆、截平或有时微凹，全缘，近叶柄处常向腹面微卷，互生，叶柄顶端具 2 腺体，托叶三角形。花单性，雌雄同株，聚集成顶生的总状花序。蒴果近球形，成熟时黑色，横切面呈三角形。花期 5~7 月。

分布　分布于云南、甘肃南部（文县）、四川（城口、巫山、奉节）、湖北（兴山）、贵州（兴义、安龙、湄潭）和广西（龙胜、临桂、凌云）。生于山坡或山顶疏林中。

用途　木材坚硬，纹理细致，为优良家具用材；树皮、叶、种子可药用，拔毒消肿、杀虫、利水、通便等。

瘤果三宝木 *Trigonostemon tuberculatus* F. Du & Ju He

科名 大戟科 Euphorbiaceae　　属名 三宝木属 *Trigonostemon*

形态特征　灌木。嫩枝被柔毛，老枝近无毛。叶薄纸质，倒卵状椭圆形，长 8~18 厘米，宽 4 厘米，顶端短尖，基部楔形，全缘。花瓣倒卵形，黄色。果实密被瘤状凸起。

分布　云南元江干热河谷特有物种。

用途　不详。

希陶木 *Tsaiodendron dioicum* Y. H. Tan, Z. Zhou & B. J. Gu

科名 大戟科 Euphorbiaceae　　属名 希陶木属 *Tsaiodendron*

形态特征　落叶灌木。叶互生，菱形椭圆形，边缘具圆齿，托叶小，通常早落。雌雄异株，雌雄花着生于退化的短枝上，雌花存在花盘。雌花辐射对称，花瓣无，雄花密被有毛。果三叶状蒴果，被茸毛，萼片宿存。种子近球形。

分布　云南特有。目前仅被发现生于元江海拔 350~550 米干热河谷热带季雨林和稀树灌草丛中。

用途　不详。

油桐 *Vernicia fordii* (Hemsley) Airy Shaw

科名 大戟科 Euphorbiaceae　　属名 油桐属 *Vernicia*

形态特征　落叶乔木。树皮灰色，近光滑，具明显皮孔。叶卵圆形，长 8~18 厘米，宽 6~15 厘米，顶端短尖，基部截平至浅心形，全缘，叶柄与叶片近等长，几无毛，顶端有 2 枚扁平、无柄腺体。花雌雄同株，先叶或与叶同时开放，花瓣白色，有淡红色脉纹。核果近球状，果皮光滑。种子 3~4 颗，种皮木质。花期 3~4 月，果期 8~9 月。

分布　产于云南、陕西、河南、江苏、安徽、浙江、江西、福建、湖南、湖北、广东、海南、广西、四川、贵州等省份。通常栽培于海拔 1000 米以下丘陵山地。

用途　我国重要的工业油料植物。

滇鼠刺 *Itea yunnanensis* Franch.

科名 鼠刺科 Iteaceae　　属名 鼠刺属 *Itea*

形态特征　灌木。叶薄革质，卵形或椭圆形，长 5~10 厘米，宽 2.5~5 厘米，先端急尖或短渐尖，基部钝或圆形，边缘具稍内弯的刺状锯齿。顶生总状花序，俯弯至下垂，长达 20 厘米。蒴果锥状，长 5~6 毫米，无毛。花果期 5~12 月。

分布　产于云南中部至东南部、四川西南部、西藏东南部、贵州和广西。生于海拔 1100~3000 米的针阔叶林、杂木林下或河边、岩石处。

用途　树皮含鞣质，可制栲胶；木材坚硬，可制烟锅杆。

常山 *Dichroa febrifuga* Lour.

科名 八仙花科 Hydrangeaceae　　属名 常山属 *Dichroa*

形态特征　灌木。叶形状大小变异大，常椭圆形、倒卵形、椭圆状长圆形，长 6~25 厘米，宽 2~10 厘米，先端渐尖，基部楔形，边缘具锯齿或粗齿。伞房状圆锥花序顶生，花蓝色或白色；花瓣长圆状椭圆形，稍肉质，花后反折；雄蕊 10~20。浆果直径 3~7 毫米，蓝色，干时黑色。种子具网纹。花期 2~4 月，果期 5~8 月。

分布　产于云南、陕西、甘肃、江苏、安徽、浙江、江西、福建、台湾、湖北、湖南、广东、广西、四川、贵州和西藏。生于海拔 200~2000 米阴湿林中。

用途　根含有常山素，为抗疟疾药。

牛筋条 *Dichotomanthes tristaniicarpa* Kurz

科名 蔷薇科 Rosaceae　属名 牛筋条属 *Dichotomanthes*

形态特征　常绿灌木。小枝幼时密被黄白色茸毛。叶片长圆状披针形，有时倒卵形，先端急尖或钝圆，基部楔形至圆形。复伞房花序，花瓣白色，雄蕊 20，短于花瓣。果期心皮突出于肉质红色杯状萼筒之中。花期 4~5 月，果期 6~11 月。

分布　产于云南、四川。

用途　根皮治感冒咳嗽、咽喉肿痛。

华西小石积 *Osteomeles schwerinae* C. K. Schneider

科名 蔷薇科 Rosaceae　属名 小石积属 *Osteomeles*

形态特征　落叶或半常绿灌木。枝条开展密集。奇数羽状复叶，具小叶 7~15 对，连叶柄长 2~4.5 厘米，小叶对生，椭圆形，长 5~10 毫米，宽 2~4 毫米，先端急尖，基部宽楔形，全缘，小叶近于无柄，叶轴上有窄叶翼，托叶膜质，披针形，有柔毛，早落。顶生伞房花序，花瓣长圆形，白色，雄蕊 20，比花瓣稍短。果实卵形，蓝黑色，具宿存反折萼片。花期 4~5 月，果期 7 月。

分布　产于云南、四川、贵州、甘肃。生于山坡灌木丛中或田边路旁向阳干燥地。

用途　清热解毒、收敛止泻、祛风除湿；用于痢疾、泄泻、水肿、关节痛等。

毛枝绣线菊 *Spiraea martini* H. Léveillé

科名 蔷薇科 Rosaceae　属名 绣线菊属 *Spiraea*

形态特征　灌木。叶片椭圆形至倒卵形，大小不等，先端急尖或圆钝，有时常 3 浅裂，边缘有 3~5 钝锯齿，基部宽楔形，上面无毛或微被短柔毛，下面密被短柔毛，灰白色。伞形花序密集在小枝上；花瓣白色；雄蕊 20~25，比花瓣短。蓇葖果开张。花期 2~3 月，果期 4~5 月。

分布　产于云南、四川、广西、贵州。生于干燥坡地、山谷、路旁及灌木丛中，海拔 1450~2050 米。

用途　可栽植用于观赏。

红花羊蹄甲 *Bauhinia × blakeana* Dunn

科名 苏木科 Caesalpiniaceae　属名 羊蹄甲属 *Bauhinia*

形态特征　乔木。叶革质，阔心形，宽稍大于长，先端 2 裂至叶长的 1/4~1/3，裂片先端钝圆，基部心形。总状花序顶生或腋生；花大，美丽而芳香，花瓣紫红色，倒披针形，具短瓣柄。花期全年。常不见结果。

分布　云南、福建、广东、广西栽培。

用途　用作行道树观赏树种。

石山羊蹄甲 *Bauhinia calciphila* D. X. Zhang & T. C. Chen

科名 苏木科 Caesalpiniaceae 属名 羊蹄甲属 *Bauhinia*

形态特征 木质藤本。卷须单生或成对。叶阔卵形或近圆形，长 3~6 厘米，宽 2.8~6.5 厘米，基部心形或截形，先端 2 裂达中部以下，裂片阔卵形。总状花序；萼裂片 5，上面 2 片常黏合；花瓣黄色或黄白色，倒卵形或长圆形，外面有一纵列丝质长柔毛；能育雄蕊 3；退化雄蕊 2。荚果带状长圆形，长约 7 厘米。种子椭圆形，长约 1 厘米。花期 8~9 月，果期 12 月。

分布 产于云南、四川。

用途 可用于干热及石漠化区造林。

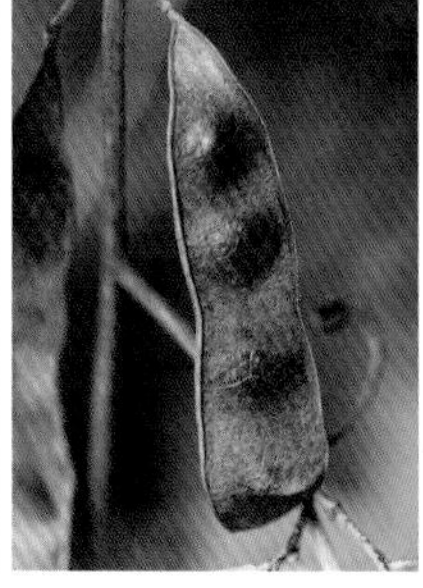

龙须藤 *Bauhinia championii* (Benth.) Benth.

科名 苏木科 Caesalpiniaceae 属名 羊蹄甲属 *Bauhinia*

形态特征 落叶或半常绿灌木。枝条开展密集，奇数羽状复叶，具小叶 7~15 对，连叶柄长 2~4.5 厘米，小叶对生，椭圆形，长 5~10 毫米，宽 2~4 毫米，先端急尖，基部宽楔形，全缘，小叶近于无柄，叶轴上有窄叶翼，托叶膜质，披针形，有柔毛，早落。顶生伞房花序，花瓣长圆形，白色，雄蕊 20，比花瓣稍短。果实卵形，蓝黑色，具宿存反折萼片。花期 4~5 月，果期 7 月。

分布 产于云南、四川、贵州、甘肃。生于山坡灌木丛中或田边路旁向阳干燥地。

用途 祛风湿、行气血；用于跌打损伤、风湿骨痛。

羊蹄甲 *Bauhinia purpurea* L.

科名 苏木科 Caesalpiniaceae　　属名 羊蹄甲属 *Bauhinia*

形态特征　乔木或直立灌木。叶硬纸质，近圆形，长 10~15 厘米，宽 9~14 厘米，基部浅心形，先端分裂达叶长的 1/3~1/2，裂片先端圆钝或近急尖；基出脉 9~11 条。总状花序侧生或顶生，少花，花瓣桃红色，倒披针形。荚果带状，扁平，长 12~25 厘米，宽 2~2.5 厘米，略呈弯镰状，成熟时开裂。种子近圆形，扁平，种皮深褐色。花期 9~11 月，果期 2~3 月。

分布　产于我国南部。

用途　栽于庭园供观赏及作行道树；树皮、花和根供药用，为烫伤及脓疮的洗涤剂；嫩叶汁液或粉末可治咳嗽；根皮剧毒，忌服。

总状花羊蹄甲 *Bauhinia racemosa* Lam.

科名 苏木科 Caesalpiniaceae　　属名 羊蹄甲属 *Bauhinia*

形态特征　落叶小乔木。叶革质，扁圆形，宽度大于长度，长 1.5~3 厘米，宽 2.2~4.5 厘米，先端分裂达叶长的 1/3，裂片阔圆，基部稍呈心形；基出脉 7~9 条。总状花序顶生或侧生，有花 20 余朵；花瓣淡黄色，倒披针形，与萼等长；能育雄蕊 10。荚果不规则的直或弯镰状，扁平或肿胀，长 15~20 厘米，宽 18~22 厘米。花期 5 月，果期 7~8 月。

分布　产于我国云南南部（元江）。

用途　木材坚硬，为良好的薪炭材；树皮纤维可编绳索。

云南羊蹄甲 *Bauhinia yunnanensis* Franch.

科名 苏木科 Caesalpiniaceae　　属名 羊蹄甲属 *Bauhinia*

形态特征　藤本，无毛。枝略具棱，卷须成对，近无毛。叶膜质或纸质，阔椭圆形，全裂至基部，弯缺处有一刚毛状尖头，基部深或浅心形，裂片斜卵形，长 2~4.5 厘米，宽 1~2.5 厘米，具 3~4 脉。总状花序顶生或与叶对生，花瓣淡红色，匙形。荚果带状长圆形，扁平，顶端具短喙，开裂后荚瓣扭曲。种子阔椭圆形至长圆形，扁平。花期 8 月，果期 10 月。

分布　产于云南、四川和贵州。生于海拔 400~2000 米的山地灌丛或悬崖石上。

用途　根有清热解毒的功效。

金凤花 *Caesalpinia pulcherrima*(L.)Swartz

科名 苏木科 Caesalpiniaceae　　属名 云实属 *Caesalpinia*

形态特征　灌木或小乔木。小枝疏生刺。二回羽状复叶，羽片 4~8 对，小叶 6~12 对，对生，长圆状椭圆形或倒卵状长圆形，长 10~27 毫米，宽 7~14 毫米，先端圆或微缺，基部圆形。伞房式总状花序；花瓣红色或橙红色；花丝红色，长 5~6 厘米，伸出花冠。荚果倒披针状长圆形，长 5~10.5 厘米，先端有喙。花果期几全年，3~4 月盛花。

分布　原产于西印度群岛。现广植于热带各地。生于山坡混交林下潮湿处或草丛中。

用途　花鲜红色或橙红色，雄蕊长伸出花冠，优美艳丽，花如其名，为极秀丽的观赏花木。

苏木 *Caesalpinia sappan* L.

科名 苏木科 Caesalpiniaceae　属名 云实属 *Caesalpinia*

形态特征　小乔木，具疏刺。除老枝、叶下面和荚果外，多少被细柔毛，枝上的皮孔密而显著。二回羽状复叶长 30~45 厘米，羽片 7~13 对，对生，小叶 10~17 对，长圆形至长圆状菱形，先端微缺，基部歪斜。圆锥花序顶生或腋生。荚果木质，近长圆形至长圆状倒卵形。种子 3~4 颗，长圆形，浅褐色。花期 5~10 月，果期 7 月至翌年 3 月。

分布　产于云南。

用途　心材入药，为清血剂，可用于生物制片的染色，效果不亚于进口的巴西苏木素。

凤凰木 *Delonix regia* (Bojer) Rafinesque

科名 苏木科 Caesalpiniaceae　属名 凤凰木属 *Delonix*

形态特征　高大落叶乔木，无刺。树皮粗糙，灰褐色。叶为二回偶数羽状复叶，长 20~60 厘米，具托叶，羽片对生，15~20 对，长达 5~10 厘米，小叶 25 对，密集对生，长圆形，长 4~8 毫米，宽 3~4 毫米，先端钝，基部偏斜，边全缘。伞房状总状花序顶生或腋生，花大而美丽，鲜红至橙红色。荚果带形，扁平。花期 6~7 月，果期 8~10 月。

分布　原产马达加斯加。我国云南、广西、广东、福建、台湾等省份栽培。

用途　可作观赏树或行道树；树脂能溶于水，用于工艺；木材轻软，富有弹性和特殊木纹，可作小型家具和工艺原料。

大翅老虎刺 *Pterolobium macropterum* Kurz

科名 苏木科 Caesalpiniaceae 属名 老虎刺属 *Pterolobium*

形态特征 大型藤本。老枝叶柄基部具成对钩刺。二回偶数羽状复叶；羽片 4~6 对，长 8~10 厘米；小叶 6~9 对，对生，斜长圆形，长 1.5~2 厘米，宽 0.6~1 厘米，顶端圆钝或微凹，基部两侧不对称。总状花序或圆锥花序；萼片 5；花瓣白色，4 片相同，最里面一片中部以下缩小成瓣柄，瓣片边缘具纤毛。荚果不开裂，长 6~6.5 厘米，翅歪斜，长 4~4.5 厘米，含种子部分卵形。

分布 产于云南和海南。生于海拔 450~1600 米的坡地阳处、干旱灌丛或林下。

用途 可做围篱。

望江南 *Senna occidentalis* (L.) Link

科名 苏木科 Caesalpiniaceae 属名 决明属 *Senna*

形态特征 直立灌木。叶长约 20 厘米，叶柄近基部有 1 枚腺体；小叶 4~5 对，卵形至卵状披针形，长 4~9 厘米，宽 2~3.5 厘米，顶端渐尖。伞房状总状花序，长约 5 厘米；花长约 2 厘米；花瓣黄色，外生近卵形，长约 15 毫米；雄蕊 7 枚发育，3 枚不育。荚果带状镰形，长 10~13 厘米。种子间有薄隔膜。花期 4~8 月，果期 6~10 月。

分布 原产美洲热带地区，现广布于全世界热带和亚热带地区。

用途 清肝明目，健胃润肠，有微毒，牲畜误食过量可致死。

铁刀木 *Senna siamea* (Lamarck) H. S. Irwin & Barneby

科名 苏木科 Caesalpiniaceae　　属名 决明属 *Senna*

形态特征　乔木。叶长 20~30 厘米；叶轴与叶柄无腺体，被微柔毛；小叶对生，6~10 对，革质，长圆形，顶端圆钝，常微凹，有短尖头，基部圆形，边全缘；托叶线形，早落。总状花序生于枝条顶端的叶腋，并排成伞房花序状；花瓣黄色，阔倒卵形；雄蕊 10，其中 7 枚发育，3 枚退化。荚果扁平，长 15~30 厘米，宽 1~1.5 厘米，边缘加厚，熟时带紫褐色。种子 10~20 颗。花期 10~11 月；果期 12 月至翌年 1 月。

分布　除云南有野生外，南方各省份均有栽培。

用途　本种在我国栽培历史悠久，木材坚硬致密，耐水湿，为上等家具原料；老树材黑色，纹理甚美，可为乐器装饰；还可作防护林树种。

决明 *Senna tora* (L.) Roxburgh

科名 苏木科 Caesalpiniaceae　　属名 决明属 *Senna*

形态特征　一年生直立草本。小叶 3 对，每对小叶间有一棒状腺体，小叶倒卵形或倒卵状长椭圆形，长 2~6 厘米，宽 1.5~2.5 厘米，顶端圆钝，基部渐狭。花常 2 朵聚生；花瓣黄色；能育雄蕊 7 枚。荚果近四棱形，长达 15 厘米。花果期 8~11 月。

分布　原产美洲热带地区，现全世界热带、亚热带地区广泛分布。

用途　种子称决明子，有清肝明目、利水通便的功效。

酸豆 *Tamarindus indica* L.

科名 苏木科 Caesalpiniaceae　属名 酸豆属 *Tamarindus*

形态特征　乔木。树皮暗灰色，不规则纵裂。叶小，长圆形，长 1.3~2.8 厘米，宽 5~9 毫米，先端圆钝或微凹，基部圆而偏斜，无毛。花黄色或杂以紫红色条纹。荚果圆柱状长圆形，肿胀，棕褐色。种子 3~14 颗。花期 5~8 月，果期 12 月至翌年 5 月。

分布　原产非洲。我国云南有栽培。

用途　果肉味酸甜，可生食或熟食，或作蜜饯或制成各种调味酱及泡菜；种仁榨取的油可供食用。此外，叶、花、果实均含有一种酸性物质，与其他含有染料的花混合，可作染料。

金合欢 *Acacia farnesiana* (L.) Willd.

科名 含羞草科 Mimosaceae　属名 相思树属 *Acacia*

形态特征　灌木或小乔木。树皮粗糙，褐色，多分枝，小枝常呈“之”字形弯曲，有小皮孔。托叶针刺状，刺长 1~2 厘米，二回羽状复叶长 2~7 厘米，叶轴槽状，被灰白色柔毛，有腺体，羽片 4~8 对，小叶通常 10~20 对，线状长圆形。头状花序生于叶腋，花黄色，有香味。荚果膨胀，近圆柱状。种子多颗，褐色，卵形。花期 3~6 月，果期 7~11 月。

分布　原产热带美洲，现广布于热带地区。产于云南、浙江、台湾、福建、广东、广西、四川。多生于阳光充足，土壤较肥沃、疏松的地方。

用途　本种多枝、多刺，可植作绿篱；木材坚硬，可为贵重器材；根及荚果含丹宁，可为黑色染料；入药能收敛、清热；花很香，可提香精。

山槐 *Albizia kalkora* (Roxb.) Prain

科名 含羞草科 Mimosaceae　属名 合欢属 *Albizia*

形态特征　落叶小乔木。二回羽状复叶，羽片2~4对；小叶5~14对，长圆形或长圆状卵形，长1.8~4.5厘米，宽7~20毫米，先端圆钝，基部不等侧，中脉稍偏于上侧。头状花序；花初白色，后变黄；花萼管状，5齿裂；花冠中部以下连合呈管状，雄蕊长2.5~3.5厘米，基部连合。荚果带状，长7~17厘米。种子倒卵形。花期5~6月，果期8~10月。

分布　产于我国华北、西北、华东、华南至西南部各省份。

用途　本种耐干旱及瘠薄地，宜在干热河谷区造林。

银合欢 *Leucaena leucocephala* (Lamarck) de Wit

科名 含羞草科 Mimosaceae　属名 银合欢属 *Leucaena*

形态特征　灌木或小乔木。幼枝被短柔毛，老枝无毛，具褐色皮孔，无刺。托叶三角形，羽片4~8对，长5~9厘米，叶轴被柔毛，最下面一对羽片着生处有黑色腺体1枚，小叶5~15对，线状长圆形，先端急尖，基部楔形。头状花序腋生，花白色，荚果带状，顶端凸尖，基部有柄，纵裂。种子卵形，褐色。花期4~7月，果期8~10月。

分布　原产热带美洲，现广布于各热带地区。产于云南、台湾、福建、广东、广西。生于低海拔的荒地或疏林中。

用途　本种耐旱力强，适为荒山造林树种，亦可作咖啡或可可的荫蔽树种或植作绿篱；木质坚硬，为良好的薪炭材。

美丽相思子 *Abrus pulchellus* Wall. ex Thwaites

科名 蝶形花科 Papilionaceae　属名 相思子属 *Abrus*

形态特征　攀缘藤本。羽状复叶互生；小叶 6~10 对，膜质，近长圆形，长 0.7~3 厘米，宽 0.4~1 厘米，先端截形，具小尖头，基部近圆形；小叶柄短。总状花序腋生；花小，密集成头状；花冠粉红色；雄蕊 9。荚果长圆形。种子椭圆形，黑褐色，具光泽，种阜明显，环状，种脐有孔。

分布　产于云南、广西。生于河谷岸边灌丛或平原疏林中，海拔 400~3000 米。

用途　叶、根可药用；花果有毒。

链荚豆 *Alysicarpus vaginalis* (L.) Candolle

科名 蝶形花科 Papilionaceae　属名 链荚豆属 *Alysicarpus*

形态特征　多年生草本。叶仅有单小叶；托叶线状披针形，具条纹，无毛；小叶形状及大小变化很大，茎上部小叶通常为卵状长圆形、长圆状披针形至线状披针形，下部小叶为心形、近圆形或卵形。总状花序腋生或顶生；花冠紫蓝色，略伸出于萼外。荚果扁圆柱形。花期 9 月，果期 9~11 月。

分布　产于云南、福建、广东、海南、广西及台湾等省份。

用途　良好绿肥植物，亦可作饲料；全草入药，治刀伤、骨折。

云南链荚豆 *Alysicarpus yunnanensis* Yang et Huang

科名 蝶形花科 Papilionaceae　属名 链荚豆属 *Alysicarpus*

形态特征　多年生草本。单叶；小叶长圆形或近圆形，长 6~20 毫米，宽 5~15 毫米，两端圆形或基部略心形。总状花序长 1.5~5 厘米；花萼长 4 毫米，裂片披针形；花冠玫瑰色，较花萼略长，旗瓣倒卵形。荚果念珠状，长 1~2 厘米，宽 2~2.5 毫米，荚节间缢缩。花果期 8~9 月。

分布　产于云南。

用途　绿肥植物，可做饲料。

蔓花生 *Arachis duranensis* Krap. et Greg

科名 蝶形花科 Papilionaceae　属名 落花生属 *Arachis*

形态特征　一年生草本。根部有丰富的根瘤。叶通常具小叶 2 对，托叶长 2~4 厘米，具纵脉纹，被毛，小叶纸质，卵状长圆形，长 2~4 厘米，宽 0.5~2 厘米，先端钝圆形，有时微凹，具小刺尖头，基部近圆形，全缘，两面被毛，边缘睫毛状。花冠金黄色。荚果膨胀，荚厚。花果期 6~8 月。

分布　原产南美洲。生于华南地区。

用途　重要的油料作物。

蔓草虫豆 *Cajanus scarabaeoides* (L.) Thouars

科名 蝶形花科 Papilionaceae 属名 木豆属 *Cajanus*

形态特征 草质藤本。叶具羽状3小叶；顶生小叶椭圆形至倒卵状椭圆形，长1.5~4厘米，宽0.8~3厘米，先端钝或圆，侧生小叶稍小，基出脉3条。总状花序长不及2厘米；花萼钟状，4或5齿裂，裂片线状披针形；花冠黄色，旗瓣倒卵形，翼瓣狭椭圆状，基部均具短耳和瓣柄。荚果长圆形，长1.5~2.5厘米，密被长毛。种子椭圆状。花期9~10月，果期11~12月。

分布 产于云南、四川、贵州、广西、广东、海南、福建、台湾。

用途 叶可入药用，健胃、利尿。

虫豆 *Cajanus volubilis* (Blanco) Blanco

科名 蝶形花科 Papilionaceae 属名 木豆属 *Cajanus*

形态特征 攀缘藤本。叶具羽状3小叶；顶生小叶菱状至菱状卵形，长2.5~8厘米，宽2~7.5厘米，先端钝至短尖，基部圆形；侧生小叶斜卵形，长3.5~6厘米，宽3~5厘米。总状花序长3.5~6厘米；花萼钟状，5齿裂，上面2枚近合生；花冠黄色，旗瓣倒卵状圆形，翼瓣长圆形，龙骨瓣先端弯曲，均具瓣柄及耳。荚果膨胀，长3~5厘米，被茸毛；种子通常近圆形，宽3~5毫米。花期3月，果期4月。

分布 产于云南南部、广西西南部及南部、海南南部。

用途 清热解毒、利水消肿。

美丽鸡血藤 *Callerya speciosa* (Champion ex Bentham) Schot

科名 蝶形花科 Papilionaceae 属名 鸡血藤属 *Callerya*

形态特征 藤本。树皮褐色。羽状复叶长 15~25 厘米；托叶披针形，宿存；小叶通常 6 对，长圆状披针形或椭圆状披针形，先端钝圆，短尖，基部钝圆。边缘略反卷，上面无毛，光亮，下面被锈色柔毛或无毛。圆锥花序腋生；花冠白色、米黄色至淡红色。荚果线状。种子卵形。花期 7~10 月，果期翌年 2 月。

分布 产于云南、福建、湖南、广东、海南、广西、贵州。

用途 根含淀粉甚丰富，可酿酒，又可入药，有通经活络、补虚润肺和健脾的功效。

元江杭子梢 *Campylotropis henryi* (Schindl.) Schindl.

科名 蝶形花科 Papilionaceae 属名 杭子梢属 *Campylotropis*

形态特征 直立灌木。羽状复叶具 3 小叶，托叶钻形或线状钻形，小叶椭圆形，先端通常微凹。总状花序通常 1~2 腋生，花冠紫红色，龙骨瓣略成直角内弯，先端狭、锐尖，瓣片上部比瓣片下部短。荚果略呈半卵形。

分布 产于云南、广西、贵州。生于山坡、灌丛及林下，海拔 650~1600 米。

用途 可用于河谷区生态绿化造林。

阔叶杭子梢 *Campylotropis latifolia* (Dunn) Schindl.

科名 蝶形花科 Papilionaceae 属名 杭子梢属 *Campylotropis*

形态特征 灌木。枝有棱，被短茸毛。羽状复叶具 3 小叶；托叶三角形或狭三角形，密被丝状柔毛；小叶椭圆形或近卵形，长 4~10 厘米，宽 2~6 厘米，先端圆形或微凹，基部圆形或少为微心形。总状花序顶生及近顶部腋生；花冠紫红色。荚果密被开展的长柔毛与短柔毛。

分布 产于云南。生于海拔 1200~1400 米的山坡、山地及向阳地。

用途 可植于庭园中供观赏。

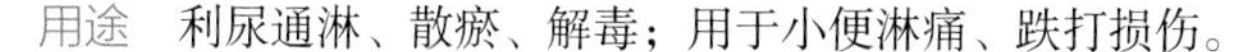

铺地蝙蝠草 *Christia obcordata* (Poir.) Bahn. F.

科名 蝶形花科 Papilionaceae 属名 蝙蝠草属 *Christia*

形态特征 多年生平卧草本。叶为三出复叶，稀单小叶；顶生小叶肾形、圆三角形或倒卵形，长 5~15 毫米，宽 10~20 毫米，先端截平，基部宽楔形，侧生小叶较小，长 6~7 毫米，宽约 5 毫米。总状花序长 3~18 厘米；花萼半透明，果时长达 6~8 毫米；花冠蓝紫色或玫瑰红色，略长于花萼。荚果有荚节 4~5，完全藏于萼内，荚节圆形。花期 5~8 月，果期 9~10 月。

分布 产于福建、广东、海南、广西及台湾南部。生于旷野草地、荒坡及丛林中。

用途 利尿通淋、散瘀、解毒；用于小便淋痛、跌打损伤。

巴豆藤 *Craspedolobium unijugum* (Gagnepain) Z. Wei & Pedley

科名 蝶形花科 Papilionaceae　　属名 巴豆藤属 *Craspedolobium*

形态特征　攀缘灌木。羽状复叶；小叶仅 1 对，纸质，阔卵形，顶生小叶大，长 6.5~8 厘米，宽 3.5~4.5 厘米，先端急尖，基部近心形，侧生小叶长 2.5~4 厘米，宽 1.5~2.5 厘米，左右 2 枚不等大。圆锥花序腋生或顶生；花冠米黄色，旗瓣圆形，具黑色斑点。荚果线形，种子间缢缩成串珠状，密被黄色茸毛。果期 10 月。

分布　产于云南（南部）。生于山坡杂木林中，海拔 800 米左右。

用途　祛瘀活血、除风湿；用于风湿痹痛、跌打损伤。

线叶猪屎豆 *Crotalaria linifolia* L. f.

科名 蝶形花科 Papilionaceae　　属名 猪屎豆属 *Crotalaria*

形态特征　多年生草本。托叶小，通常早落；单叶，倒披针形或长圆形，长 2~5 厘米，宽 0.5~1.5 厘米，先端渐尖或钝尖，基部渐狭。总状花序顶生或腋生；花冠黄色，旗瓣圆形或长圆形，先端圆或凹，翼瓣长圆形。荚果四角菱形，成熟后果皮黑色；种子 8~10 颗。花期 5~10 月，果期 8~12 月。

分布　产于云南、台湾、广东、广西、海南、四川、贵州。生于山坡路旁，海拔 500~2500 米。

用途　本种可供药用，有清热解毒、消肿止痛的功效。

假苜蓿 *Crotalaria medicaginea* Lamk.

科名 蝶形花科 Papilionaceae　**属名** 猪屎豆属 *Crotalaria*

形态特征　直立或铺地散生草本。叶三出，小叶倒披针形或倒卵状长圆形，先端钝，截形或凹，基部楔形。总状花序顶生或腋生，有花数朵；花冠黄色，旗瓣椭圆形或卵状长圆形，翼瓣长圆形。荚果圆球形，先端具短喙。种子 2。花果期 8~12 月。

分布　产于云南、台湾、四川、广东、广西。生于荒地路边及沙滩海滨干旱处。

用途　本种可供药用，清热、化湿、利尿。

猪屎豆 *Crotalaria pallida* Alt.

科名 蝶形花科 Papilionaceae　**属名** 猪屎豆属 *Crotalaria*

形态特征　多年生草本。茎枝圆柱形，具小沟纹，密被紧贴的短柔毛。托叶极细小，通常早落，叶三出，小叶长圆形，先端钝圆或微凹，基部阔楔形。总状花序顶生，花冠黄色，伸出萼外，旗瓣圆形或椭圆形。荚果长圆形，幼时被毛，成熟后脱落，果瓣开裂后扭转。种子 20~30。花果期 9~12 月。

分布　产于云南、福建、台湾、广东、广西、四川、山东、浙江、湖南。生于荒山草地及沙质土壤之中。

用途　本种可供药用，全草有散结、清湿热等功效。

四棱猪屎豆 *Crotalaria tetragona* Roxb. ex Andr.

科名 蝶形花科 Papilionaceae 属名 猪屎豆属 *Crotalaria*

形态特征 多年生高大草本。茎四棱形，被丝质短柔毛。托叶线形或线状披针形；单叶，叶片长圆状线形或线状披针形，长 10~20 厘米，宽 1~2.5 厘米，先端渐尖，基部钝或圆，两面被毛，尤以下面毛更密。总状花序顶生或腋生；花萼二唇形，长 1.5~2.5 厘米；花冠黄色。荚果长圆形，密被棕黄色茸毛。花果期 9 月至翌年 2 月。

分布 产于云南、广东、广西、四川。生于山坡路旁及疏林中。

用途 花多而美，可供观赏。

印度黄檀 *Dalbergia sissoo* DC.

科名 蝶形花科 Papilionaceae 属名 黄檀属 *Dalbergia*

形态特征 乔木。树皮灰色，粗糙，厚而深裂，羽状复叶长 12~15 厘米，托叶披针形，早落，小叶 1~2 对，近革质，近圆形，先端圆，具短尾尖。圆锥花序近伞房状，腋生，花冠淡黄色或白色。荚果线状长圆形至带状。种子肾形，扁平。花期 3~4 月。

分布 云南、福建、广东、海南有栽培。

用途 树冠开展，花芳香，可作庭园观赏树；心材褐色，坚硬不易开裂，宜作雕刻、细工、地板及家具用材。

假木豆 *Dendrolobium triangulare* (Retz.) Schindl.

科名 蝶形花科 Papilionaceae　　属名 假木豆属 *Dendrolobium*

形态特征　灌木。嫩枝三棱形，密被灰白色丝状毛，老时变无毛，叶为三出羽状复叶，托叶披针形，外面密被灰白色丝状毛，叶柄具沟槽，被开展或贴伏丝状毛。小叶硬纸质，顶生小叶倒卵状长椭圆形，长 7~15 厘米，宽 3~6 厘米，先端渐尖，基部钝圆，侧生小叶略小，基部略偏斜。花序腋生，花冠白色或淡黄色。荚果长 2~2.5 厘米，稍弯曲，有荚节 3~6。种子椭圆形。花期 8~10 月，果期 10~12 月。

分布　产于云南、广东、海南、广西、贵州及台湾等省份。生于沟边荒草地或山坡灌丛中。

用途　根入药，有强筋骨的功效。

大鱼藤树 *Derris robusta* (Roxb.) Benth.

科名 蝶形花科 Papilionaceae　　属名 鱼藤属 *Derris*

形态特征　落叶乔木。小叶 6~10 对，长圆形或倒卵形，长 1.5~4 厘米，宽 9~15 毫米，先端钝，基部楔形。总状花序长 5~15 厘米；花萼杯状；花冠白色，花瓣具柄，龙骨瓣圆心形。荚果线状长椭圆形，长 3.5~5 厘米，宽 9~10 毫米。

分布　产于云南。

用途　可作杀虫剂。

二岐山蚂蝗 *Desmodium dichotomum* (Willd.) DC.

科名 蝶形花科 Papilionaceae 属名 山蚂蝗属 *Desmodium*

形态特征 多年生草本亚灌木。叶为羽状三出复叶，有时仅具 1 小叶；顶生小叶椭圆形或卵形，长 1.5~7 厘米，宽 1~6 厘米，侧生小叶略小。总状花序长 5~45 厘米；花萼漏斗形，密被长直毛和短钩状毛，4 裂；花冠紫色至堇色，旗瓣倒卵形或宽倒卵形，基部有短瓣柄；翼瓣、龙骨瓣具短瓣柄。荚果狭长圆形，长 10~18 毫米，密被钩状毛。荚节近方形至长圆形，长约 2.5 毫米。花期 6~8 月，果期 9~10 月。

分布 产于云南南部。

用途 可作饲料及绿肥。

大叶山蚂蝗 *Desmodium gangeticum* (L.) DC.

科名 蝶形花科 Papilionaceae 属名 山蚂蝗属 *Desmodium*

形态特征 直立灌木。单叶，长椭圆状卵形，长 3~13 厘米，宽 2~7 厘米，先端急尖，基部圆形。总状花序长 10~30 厘米；花萼宽钟状；花冠绿白色，旗瓣倒卵形，翼瓣长圆形，基部具耳和短瓣柄，龙骨瓣狭倒卵形，无耳。荚果长 1.2~2 厘米，有荚节 6~8，荚节近圆形或宽长圆形。花期 4~8 月，果期 8~9 月。

分布 产于云南、广东、海南、广西、台湾。生于荒地草丛或次生林中。

用途 止血、止痛、消瘀散肿；用于跌打损伤。

假地豆 *Desmodium heterocarpon* (L.) DC.

科名 蝶形花科 Papilionaceae 属名 山蚂蝗属 *Desmodium*

形态特征 小灌木或亚灌木。叶为羽状三出复叶，小叶 3；托叶宿存，狭三角形；小叶纸质，顶生小叶椭圆形，侧生小叶通常较小，先端圆或钝，微凹，具短尖，基部钝。总状花序顶生或腋生；花冠紫红色。荚果密集，狭长圆形，有荚节 4~7，荚节近方形。花期 7~10 月，果期 10~11 月。

分布 产于长江以南各省份，西至云南，东至台湾。生于山坡草地、水旁、灌丛或林中，海拔 350~1800 米。

用途 全株供药用，能清热，治跌打损伤。

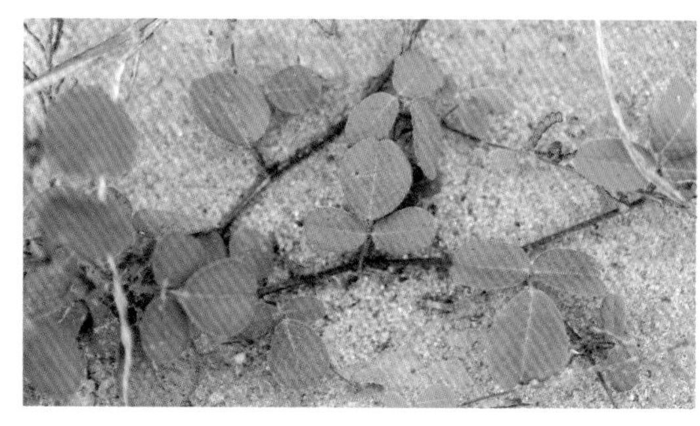

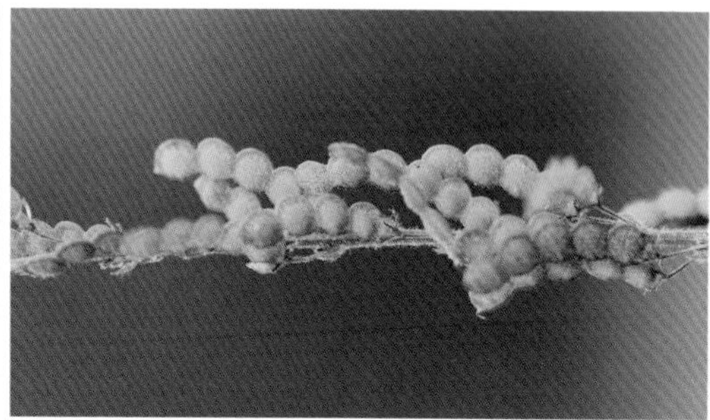

广东金钱草 *Desmodium styracifolium* (Osbeck.) Merrill

科名 蝶形花科 Papilionaceae 属名 山蚂蝗属 *Desmodium*

形态特征 直立亚灌木状草本。叶通常具单小叶，有时具 3 小叶，叶柄长 1~2 厘米，托叶披针形，小叶厚纸质至近革质，圆形或近圆形至宽倒卵形，长与宽均 2~4.5 厘米，小托叶钻形或狭三角形。总状花序短，顶生或腋生，花密生，每 2 朵生于节上，花冠紫红色。荚果长 10~20 毫米，宽约 2.5 毫米，被短柔毛和小钩状毛，腹缝线直，背缝线波状，有荚节 3~6，荚节近方形，扁平，具网纹。花果期 6~9 月。

分布 产于云南南部、广东、海南、广西南部和西南部。生于山坡、草地或灌木丛中。

用途 全株供药用，平肝火、清湿热。

三点金 *Desmodium triflorum* (L.) DC.

科名 蝶形花科 Papilionaceae　　属名 山蚂蝗属 *Desmodium*

形态特征　多年生草本。羽状三出复叶；顶生小叶倒心形、倒三角形或倒卵形，长和宽为 2.5~10 毫米，先端宽截平而微凹入，基部楔形。花单生或簇生；花萼 5 深裂；花冠紫红色，旗瓣倒心形，具长瓣柄，翼瓣椭圆形，具短瓣柄，龙骨瓣略呈镰刀形，具长瓣柄。荚果狭长圆形，长 5~12 毫米；荚节近方形。花果期 6~10 月。

分布　产于浙江、福建、江西、广东、海南、广西、云南、台湾等省份。生于旷野草地、路旁或河边沙土。

用途　全草入药，解表、消食。

刺桐 *Erythrina variegata* L.

科名 蝶形花科 Papilionaceae　　属名 刺桐属 *Erythrina*

形态特征　大乔木。羽状复叶具 3 小叶；小叶宽卵形或菱状卵形，长、宽 15~30 厘米，先端渐尖，基部宽楔形或截形；基脉 3 条，侧脉 5 对；小叶柄基部有一对腺体。总状花序长 10~16 厘米；花萼佛焰苞状，长 2~3 厘米，口部偏斜，一边开裂；花冠红色，旗瓣椭圆形，长 5~6 厘米，宽约 2.5 厘米，翼瓣与龙骨瓣近等长。荚果长 15~30 厘米。种子肾形。花期 3 月，果期 8 月。

分布　产于云南、台湾、福建、广东、广西等省份。常见于庭园中供观赏。

用途　花美丽，可栽作观赏树木；树皮可入药，祛风湿、舒筋通络。

台湾乳豆 *Galactia tenuiflora* (Klein ex Willd.) Wight et Arn

科名 蝶形花科 Papilionaceae　属名 乳豆属 *Galactia*

形态特征　多年生草质藤本。小叶椭圆形、长圆形或披针形，长 3~7 厘米，宽 2~5 厘米，先端钝，基部稍圆。总状花序长 4~20 厘米；花萼裂片狭披针形，长约等于萼管的 3 倍；花冠粉红色或淡紫色，旗瓣倒卵形或倒卵状椭圆形，翼瓣与龙骨瓣长圆形或翼瓣呈椭圆形。荚果镰状长圆形，长 5~6.5 厘米。种子肾形。花期 7~9 月，果期 11~12 月。

分布　产于云南、台湾、广东、江西、湖南、广西等省份。生于林中或村边丘陵灌丛中。

用途　可作绿肥。

单叶木蓝 *Indigofera linifolia* (L. f.) Retz.

科名 蝶形花科 Papilionaceae　属名 木蓝属 *Indigofera*

形态特征　多年生草本。单叶，线形、长圆形至披针形，长 8~20 毫米，宽 2~4 毫米，先端急尖，基部楔形。总状花序；花冠紫红色，旗瓣椭圆形至近圆形，翼瓣长圆状倒卵形，龙骨瓣长圆形。荚果球形，直径约 2 毫米。种子 1。花期 4~5 月，果期 5~8 月。

分布　产于云南、台湾、四川。生于田埂、路旁及草坡。

用途　可作绿肥、也可供观赏。

九叶木蓝 *Indigofera linnaei* Ali

科名 蝶形花科 Papilionaceae　属名 木蓝属 *Indigofera*

形态特征　一年生或多年生草本。多分枝，羽状复叶长 1.5~3 厘米，叶柄极短，托叶膜质，披针形，小叶 2~5 对，互生，近无柄，狭倒卵形，先端圆钝，有小尖头，基部楔形，两面有白色粗硬“丁”字毛，中脉上面凹入。总状花序短缩，花 10~20，密集，花冠紫红色，荚果长圆形，顶端有锐尖头，有紧贴白色柔毛。有种子 2。花期 8 月，果期 11 月。

分布　产于云南、海南。生于海边、干燥的沙土地及松林林缘。

用途　可作绿肥，也可供观赏。

紫花大翼豆 *Macroptilium atropurpureum* (DC.) Urban

科名 蝶形花科 Papilionaceae　属名 大翼豆属 *Macroptilium*

形态特征　多年生蔓生草本。羽状复叶具 3 小叶；托叶卵形；小叶卵形至菱形，长 1.5~7 厘米，宽 1.3~5 厘米，有时具裂片，侧生小叶偏斜，外侧具裂片，先端钝或急尖，基部圆形。花序轴长 1~8 厘米，总花梗长 10~25 厘米；花冠深紫色。荚果线形，长 5~9 厘米，宽不逾 3 毫米，顶端具喙尖。具种子 12~15，种子长圆状椭圆形。

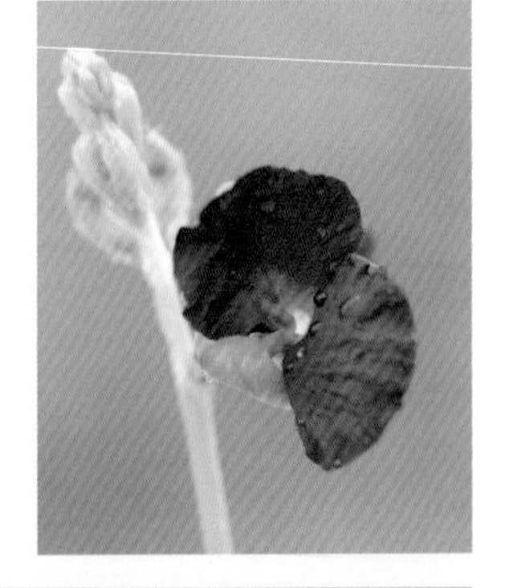

分布　原产热带美洲，现世界上热带、亚热带许多地区均有栽培或已在当地归化。我国云南、广东及广东沿海岛屿有栽培。

用途　高产牧草，抗旱、耐放牧，有良好的固氮作用，适应土壤的范围广，产种子多；叶含丰富的蛋白质，适口性好。

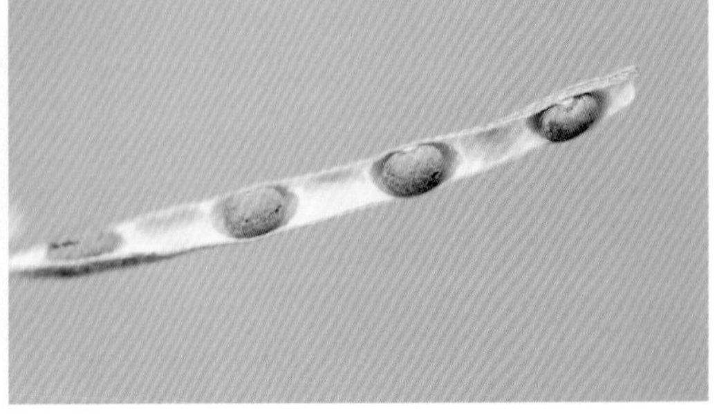

刺毛黧豆 *Mucuna pruriens* (L.) DC.

科名 蝶形花科 Papilionaceae　　属名 油麻藤属 *Mucuna*

形态特征 一年生、半木质缠绕藤本。羽状复叶具3小叶；托叶长3~4毫米，脱落；顶生小叶椭圆形或卵状菱形，先端圆，急尖或变狭成短尖头，基部宽楔形至圆形，侧生小叶极偏斜，基部稍截形或稀心形。总状花序腋生；花冠暗紫色。荚果长圆形，但不具念珠状，稍呈“S”形，密被深褐色，橙色或金黄色长硬刺毛。种子3~6，浅黄褐色，褐色至黑色，椭圆形。花期8~9月，果期10~11月。

分布 产于云南南部、西南部，贵州西南部（安龙），海南和广西（西北部）。生于平地至海拔1700米的疏林、混交林或灌丛中。

用途 嫩荚和种子水煮后可食用，也可作绿肥。

小鹿藿 *Rhynchosia minima* (L.) DC.

科名 蝶形花科 Papilionaceae　　属名 鹿藿属 *Rhynchosia*

形态特征 一年生缠绕草本。羽状3小叶；顶生小叶菱状圆形，长、宽均为1.5~3厘米，先端钝或圆，基出脉3条；侧生小叶稍小，斜圆形。总状花序，长5~11厘米；花萼长约5毫米，裂片披针形；花冠黄色，伸出萼外，各瓣近等长，旗瓣倒卵状圆形，翼瓣倒卵状椭圆形，龙骨瓣稍弯。荚果倒披针形至椭圆形，长1~1.7厘米。种子1~2。花果期5~11月。

分布 产于云南、四川、台湾。

用途 可作绿肥。

淡红鹿藿 *Rhynchosia rufescens* (Willd.) DC.

科名 蝶形花科 Papilionaceae 属名 鹿藿属 *Rhynchosia*

形态特征 匍匐、攀缘状或近直立灌木。叶具羽状3小叶；托叶小，线状披针形，顶生小叶卵形至卵状椭圆形，长2.5~5.5厘米，宽1.2~2.5厘米，先端钝或短尖，基部圆形，两面被短柔毛；基出脉3条。总状花序腋生；花萼大，长约1厘米，绿色，密被灰色短柔毛；花冠紫色至黄色，不伸出萼外。荚果斜圆形。种子横椭圆形。花期10月，果期翌年2月。

分布 产于云南、广西。生于河谷灌丛草坡上。

用途 可作绿肥。

刺田菁 *Sesbania bispinosa* (Jacq.) W. F. Wight

科名 蝶形花科 Papilionaceae 属名 田菁属 *Sesbania*

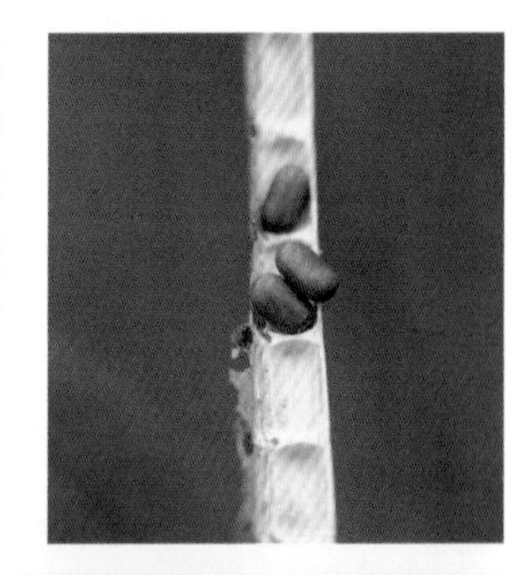

形态特征 灌木状草本。枝疏生皮刺。偶数羽状复叶；叶轴下方疏生皮刺；小叶20~40对，线状长圆形，长10~16毫米，宽2~3毫米，先端钝圆，基部圆。总状花序长5~10厘米，总花梗常具皮刺；花萼钟状，萼齿5，短三角形；花冠黄色，旗瓣外面有红褐色斑点，近卵形，翼瓣长椭圆形，具长柄，一侧具耳，龙骨瓣长倒卵形，基部具耳。荚果长15~22厘米，喙长10~12毫米。种子近圆柱状，长约3毫米。花果期8~12月。

分布 产于云南、广东、广西及四川。生于山坡路边。

用途 茎叶可作绿肥和饲料。

元江田菁 *Sesbania sesban* var. *bicolor* (Wright et Arn.) F. W. Andrew

科名 蝶形花科 Papilionaceae 属名 田菁属 *Sesbania*

形态特征 灌木状草本。羽状复叶；小叶 10~20 对，长圆形至线形，长 1.5~2.5 厘米，宽 3~6 毫米，先端圆至微凹，基部圆，偏斜，中脉两侧具紫黑色腺点。总状花序长 8~20 厘米；花萼紫黑色，钟状，萼齿短三角形；花冠紫黑色，旗瓣横椭圆形，翼瓣长圆形，龙骨瓣近半圆形。荚果圆柱形，长 15~30 厘米，顶端具喙尖。种子近圆柱形。

分布 产于云南（元江）。生于山坡、路边、水沟旁，海拔 450~500 米。

用途 茎叶可作绿肥和饲料。

白刺花 *Sophora davidii* (Franchet) Skeels

科名 蝶形花科 Papilionaceae 属名 苦参属 *Sophora*

形态特征 灌木或小乔木。羽状复叶，托叶钻状，部分变成刺，疏被短柔毛，宿存，小叶 5~9 对，形态多变，一般为椭圆状卵形，长 10~15 毫米，先端圆或微缺，常具芒尖，基部钝圆形。总状花序着生于小枝顶端，花小，蓝紫色，花冠白色或淡黄色，有时旗瓣稍带红紫色，旗瓣倒卵状长圆形。荚果非典型串珠状，稍压扁。种子卵球形。花期 3~8 月，果期 6~10 月。

分布 产于云南、华北、陕西、甘肃、河南、江苏、浙江、湖北、湖南、广西、四川、贵州、西藏。生于河谷沙丘和山坡路边的灌木丛中，海拔 2500 米以下。

用途 本种耐旱性强，是水土保持树种之一，也可供观赏。

白灰毛豆 *Tephrosia candida* DC.

科名 蝶形花科 Papilionaceae　　属名 灰毛豆属 *Tephrosia*

形态特征　灌木状草本。茎木质化，具纵棱，与叶轴同被灰白色茸毛，羽状复叶长 15~25 厘米；叶柄长 1~3 厘米，叶轴上面有沟，托叶三角状钻形，宿存，小叶 8~12 对，长圆形，长 3~6 厘米，宽 0.6~1.4 厘米，先端具细凸尖。总状花序顶生或侧生，花冠淡黄色或淡红色。荚果直，线形，密被褐色长短混杂细茸毛，顶端截尖，喙直。种子榄绿色，具花斑。花期 10~11 月，果期 12 月。

分布　原产印度东部和马来半岛。我国云南、福建、广东、广西有种植，并逸生于草地、旷野、山坡。

用途　可用于行道树。

灰毛豆 *Tephrosia purpurea* (L.) Pers.

科名 蝶形花科 Papilionaceae　　属名 灰毛豆属 *Tephrosia*

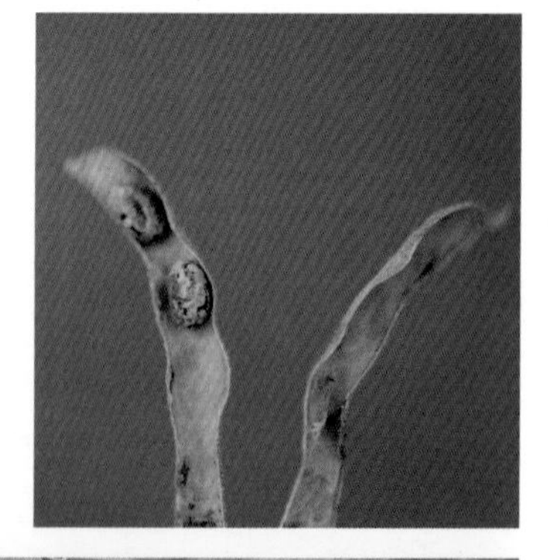

形态特征　灌木状草本。羽状复叶长 7~15 厘米，小叶 4~10 对，椭圆状长圆形至椭圆状倒披针形，长 15~35 毫米，宽 4~14 毫米，先端钝，基部狭圆。总状花序长 10~15 厘米；花萼阔钟状，萼齿狭三角形；花冠淡紫色，旗瓣扁圆形，翼瓣长椭圆状倒卵形，龙骨瓣近半圆形。荚果线形，长 4~5 厘米。种子椭圆形。花期 3~10 月。

分布　广布于全世界热带地区。产于云南、广西、广东、福建、台湾。生于山坡及旷野间。

用途　为良好的固沙保土植物；枝叶可作绿肥；含麻醉剂，捣碎可醉鱼。

狸尾豆 *Uraria lagopodioides* (L.) Desv. ex DC.

科名 蝶形花科 Papilionaceae　　属名 狸尾豆属 *Uraria*

形态特征 多年生草本。叶多为3小叶，托叶三角形，先端尾尖，被灰黄色长柔和缘毛，叶柄有沟槽，小叶纸质，顶生小叶近圆形或椭圆形至卵形，先端圆形或微凹，有细尖，基部圆形，侧生小叶较小，上面略粗糙，下面被灰黄色短柔毛。总状花序顶生，花冠淡紫色。荚果包藏于萼内，有荚节1~2。花果期8~10月。

分布 产于云南、福建、江西、湖南、广东、海南、广西、贵州及台湾。生于旷野坡地灌丛中。

用途 全草供药用，有消肿、驱虫的功效。

美花狸尾豆 *Uraria picta* (Jacq.) Desv. ex DC.

科名 蝶形花科 Papilionaceae　　属名 狸尾豆属 *Uraria*

形态特征 亚灌木或灌木。茎直立，较粗壮，叶为奇数羽状复叶，小叶5~7，托叶卵形，小叶硬纸质，线状长圆形或狭披针形，先端狭而尖，基部圆，小托叶刺毛状。总状花序顶生，花冠蓝紫色，稍伸出于花萼之外，旗瓣圆形。荚果银灰色，无毛，有3~5节。花果期4~10月。

分布 产于云南、广西、四川、贵州及台湾（南部）。生于草坡上，海拔400~1500米。

用途 根供药用，有平肝、宁心、健脾的功效。

细青皮 *Altingia excelsa* Noronha.

科名 金缕梅科 Hamamelidaceae 属名 蕈树属 *Altingia*

形态特征 常绿乔木。老枝有皮孔。叶薄，长卵形，长 8~14 厘米，宽 4~6.5 厘米，先端尾状渐尖，基部圆形，托叶线形，早落。雄花头状花序常多个排成总状花序，雌花头状花序生于当年枝顶的叶腋内，头状果序近圆球形。蒴果完全藏于果序轴内。种子多数，褐色。

分布 产于我国云南的东南及西南部，西藏东南部的墨脱。生于海拔 1500~2100 米的常绿阔叶林中。

用途 园林，供观赏；材质好，优良家具用材。

高山栲 *Castanopsis delavayi* Franch.

科名 壳斗科 Fagaceae 属名 锥属 *Castanopsis*

形态特征 乔木。叶近革质，倒卵形，长 5~13 厘米，宽 3~7 厘米，叶缘常自中部或下部起有锯齿。雄穗状花序很少单穗腋生，花序轴几无毛，果序长 10~15 厘米，幼嫩壳斗通常椭圆形，成熟壳斗阔卵形，2 或 3 瓣开裂，连刺长 3~6 毫米。坚果阔卵形，顶端柱座四周有稀疏细伏毛，果脐在坚果的底部。花期 4~5 月，果期翌年 9~11 月。

分布 产于云南、四川西南部、贵州西南部。生于海拔 500~2800 米的针阔叶混交林或杂木林中。

用途 材质坚重，强度大，耐水湿，适作桩、柱、建筑及家具用材。

栓皮栎 *Quercus variabilis* Blume

科名 壳斗科 Fagaceae　属名 栎属 *Quercus*

形态特征　落叶乔木。树皮黑褐色，深纵裂。叶片卵状披针形，长 8~15 厘米，宽 2~6 厘米，顶端渐尖，基部圆形，叶缘具刺芒状锯齿，叶背密被灰白色星状茸毛。雄花序长达 14 厘米，花序轴密被褐色茸毛，雌花序生于新枝上端叶腋。坚果近球形，顶端圆，果脐凸起。花期 3~4 月，果期翌年 9~10 月。

分布　产于辽宁以南省份。生于海拔 800 米以下的阳坡。

用途　树皮木栓层发达，是我国生产软木的主要原料；壳斗、树皮富含单宁，可提取栲胶。

柔毛糙叶树 *Aphananthe aspera* var. *pubescens* C. J. Chen

科名 榆科 Ulmaceae　属名 糙叶树属 *Aphananthe*

形态特征　落叶乔木。幼枝密被柔毛。叶片卵形或卵状椭圆形，长 4~15 厘米，宽 2.5~5.5 厘米，先端渐尖或长渐尖，基部歪斜，边缘疏生尖锐锯齿，基部 3 出脉，侧脉近平行，直达齿尖。雄花排成聚伞花序，花被裂片 5，倒卵状圆形，中央有簇毛；雌花单生，花被裂片 4~6，条状披针形。核果近球形，有 2 棱，直径 7~12 毫米，花柱宿存。花期 3 月，果期 7~10 月。

分布　产于云南、广西、江西、浙江和台湾。生于海拔 300~1600 米的山坡林中或山谷地带。

用途　木材坚硬细密，优良用材树种。

紫弹树 *Celtis biondii* Pamp.

科名 榆科 Ulmaceae　　属名 朴属 *Celtis*

形态特征　落叶乔木。叶宽卵形、卵形至卵状椭圆形，长 2.5~7 厘米，宽 2~3.5 厘米，先端尾状渐尖，基部钝至圆形，稍偏斜，中部以上具浅齿。果序单生叶腋，通常具 2 果；果黄色至橘红色，近球形，直径约 5 毫米。花期 4~5 月，果期 9~10 月。

分布　产于云南、广东、广西、贵州、四川、甘肃、陕西、河南、湖北、福建、浙江、台湾。多生于山地灌丛或杂木林中。

用途　根、茎、叶可入药，清热解毒。

四蕊朴 *Celtis tetrandra* Roxb.

科名 榆科 Ulmaceae　　属名 朴属 *Celtis*

形态特征　乔木。树皮灰白色。叶厚纸质至近革质，通常卵状椭圆形，长 5~13 厘米，宽 3~5.5 厘米，基部多偏斜，先端渐尖至短尾状渐尖，边缘近全缘至具钝齿。果成熟时橙黄色，近球形。核近球形，具 4 条肋，表面有网孔状凹陷。花期 3~4 月，果期 9~10 月。

分布　产于云南中部、西藏南部、南部和西部、四川（西昌）、广西西部。多生于沟谷、河谷的林中或林缘，山坡灌丛中也有，海拔 700~1500 米。

用途　园林绿化；根、皮可治便血。

狭叶山黄麻 *Trema angustifolia* (Planch.) Bl.

科名 榆科 Ulmaceae　　属名 山黄麻属 *Trema*

形态特征　灌木或小乔木。叶卵状披针形，先端渐尖，基部圆，边缘有细锯齿。花单性，雌雄异株或同株，由数朵花组成小聚伞花序。核果宽卵状，微压扁，熟时橘红色，有宿存的花被。花期 4~6 月，果期 8~11 月。

分布　产于云南东南部至南部、广东、广西。生于向阳山坡灌丛或疏林中，海拔 100~1600 米。

用途　韧皮纤维可造纸和供纺织用；叶子表面粗糙，可当作砂纸用。

异色山黄麻 *Trema orientalis* (L.) Bl.

科名 榆科 Ulmaceae　　属名 山黄麻属 *Trema*

形态特征　乔木或灌木。树皮浅灰至深灰色，叶革质，坚硬但易脆，卵状矩圆形，先端常渐尖，基部心形，多少偏斜，边缘有细锯齿，两面异色，基部 3 出脉。核果卵状球形，稍压扁，成熟时稍皱，黑色，具宿存的花被。种子阔卵珠状。花期 3~6 月，果期 6~11 月。

分布　产于云南、台湾、广东西南部、海南、广西西部、贵州西南部。生于海拔 400~1900 米的山谷开旷的较湿润林中或较干燥的山坡灌丛中，星散分布。

用途　韧皮纤维可作造纸原料；树皮可提栲胶；木材可供建筑和家具用。

山黄麻 *Trema tomentosa* (Roxb.) Hara

科名 榆科 Ulmaceae  属名 山黄麻属 *Trema*

形态特征 小乔木或灌木。叶纸质，宽卵形，长 7~15 厘米，宽 3~7 厘米，先端渐尖至尾状渐尖，基部心形，明显偏斜，边缘有细锯齿，叶面极粗糙，基部 3 出脉。雄花序长 2~4.5 厘米，雌花具短梗，在果时增长。核果宽卵珠状，压扁，成熟时具不规则的蜂窝状皱纹，褐黑色或紫黑色，具宿存的花被。种子阔卵珠状，压扁，两侧有棱。花期 3~6 月，果期 9~11 月。

分布 产于云南、福建南部、台湾、广东、海南、广西、四川西南部、贵州和西藏东南部至南部。生于海拔 100~2000 米湿润的河谷或山坡混交林中。

用途 韧皮纤维可作人造棉、麻绳和造纸原料，也常成为次生林的先锋植物。

构树 *Broussonetia papyrifera* (L.) L′Héritier ex Ventenat

科名 桑科 Moraceae 属名 构属 *Broussonetia*

形态特征 乔木。树皮暗灰色，小枝密生柔毛。叶螺旋状排列，广卵形至长椭圆状卵形，长 6~18 厘米，宽 5~9 厘米，先端渐尖，基部心形，两侧常不相等，边缘具粗锯齿，不分裂或 3~5 裂。花雌雄异株，雄花序为柔荑花序，雌花序球形头状。聚花果成熟时橙红色。花期 4~5 月，果期 6~7 月。

分布 产于我国南北各地。

用途 本种韧皮纤维可作造纸材料；楮实子及根、皮可供药用。

大果榕 *Ficus auriculata* Lour.

科名 桑科 Moraceae　　属名 榕属 *Ficus*

形态特征　灌木或小乔木。叶广卵状心形，长 15~55 厘米，宽 13~27 厘米，先端钝，基部心形或圆形，基生叶脉 5~7 条，侧脉每边 3~4 条；叶柄长 5~8 厘米。榕果簇生于老茎，大梨形或扁球形至陀螺形，直径 3~5 厘米。花期 8 月至翌年 3 月，果期 5~8 月。

分布　产于云南。生于沟谷潮湿雨林中。

用途　榕果熟时味甜可食。

对叶榕 *Ficus hispida* L. f.

科名 桑科 Moraceae　　属名 榕属 *Ficus*

形态特征　灌木或小乔木。叶对生，卵状长椭圆形或倒卵状矩圆形，长 10~25 厘米，宽 5~10 厘米，顶端急尖或短尖，基部圆形或近楔形，全缘或有钝齿。榕果陀螺形，直径 1.5~2.5 厘米。花果期 6~7 月。

分布　产于云南、广东、海南、广西、贵州。生于沟谷潮湿地带。

用途　根、叶用于腹痛、腹胀、风湿痛、跌打损伤。

青藤公 *Ficus langkokensis* Drake

科名 桑科 Moraceae　　属名 榕属 *Ficus*

形态特征　乔木。叶椭圆状披针形至椭圆形，长 7~19 厘米，宽 2~6 厘米，顶端尾状渐尖，基部阔楔形，全缘，叶基 3 出脉，侧脉 2~4 对；叶柄长 1~4 厘米。榕果球形，直径 5~12 毫米。花果期 5~9 月。

分布　产于云南、福建、广东、广西、海南和四川。生于山谷林或沟边。

用途　不详。

榕树 *Ficus microcarpa* L. f.

科名 桑科 Moraceae　　属名 榕属 *Ficus*

形态特征　大乔木。叶狭椭圆形，长 4~8 厘米，宽 3~4 厘米，先端钝尖，基部楔形，全缘，基生叶脉延长，侧脉 3~10 对。榕果扁球形，直径 6~8 毫米。果期全年。

分布　产于云南、台湾、浙江、福建、广东、广西、湖北、贵州。生于山地、平原。

用途　祛风清热、活血解毒，用于感冒、跌打损伤等；也可作行道树。

聚果榕 *Ficus racemosa* L.

科名 桑科 Moraceae　　属名 榕属 *Ficus*

形态特征　乔木。叶椭圆状倒卵形至椭圆形，长 10~14 厘米，宽 3.5~4.5 厘米，先端渐尖或钝尖，基部楔形或钝形，全缘，基生 3 出叶脉。榕果梨形，直径 2~2.5 厘米。花期 5~7 月。

分布　产于云南、广西、贵州。生于潮湿地带。

用途　可作紫胶虫寄主树。

鸡嗉子榕 *Ficus semicordata* Buch.-Ham. ex Smith

科名 桑科 Moraceae　　属名 榕属 *Ficus*

形态特征　小乔木。树皮灰色，平滑。叶排为两列，长圆状披针形，长 18~28 厘米，宽 9~11 厘米，纸质，先端渐尖，基部偏心形，一侧耳状，边缘有细锯齿或全缘，表面粗糙，托叶披针形。榕果生于老茎发出的无叶小枝上，瘦果宽卵形，顶端一侧微缺，微具瘤体。花期 5~10 月。

分布　产于云南、广西、贵州、西藏（墨脱）。生于路旁、林缘或沟谷。

用途　叶外用可治角膜炎。

斜叶榕 *Ficus tinctoria* subsp. *gibbosa* (Bl.) Corner

科名 桑科 Moraceae 属名 榕属 *Ficus*

形态特征 小乔木，幼时多附生。叶薄革质，排为两列，椭圆形至卵状椭圆形，长 8~13 厘米，宽 4~6 厘米，顶端钝或急尖，基部宽楔形，两侧极不相等，全缘。雄花生榕果内壁近口部；雌花生另一植株榕果内。榕果球形或球状梨形，单生或成对腋生。花果期冬季至翌年 6 月。

分布 产于云南、海南、台湾。生于山谷湿润林中或岩石上。

用途 全株治风湿关节炎、跌打损伤。

刺桑 *Streblus ilicifolius* (Vidal) Corner

科名 桑科 Moraceae 属名 鹊肾树属 *Streblus*

形态特征 乔木或灌木。小枝具直刺。叶厚革质，菱状至圆状倒卵形，长 1~9 厘米，宽 1~5 厘米，先端急尖至圆钝，尖端具 2 小刺齿，基部楔形下延，边缘疏生刺状锯齿。雄花序穗状，长 0.5~3 厘米，花被片 4，近圆形，雄蕊 4；雌花序短穗状，花被片 4。核果生于具有宿存苞片的短枝上，扁球形，直径约 1 厘米。花期 4 月，果期 5~6 月。

分布 产于云南、海南、广西。生于海拔 100~500 米的低石灰岩山地。

用途 不详。

长叶苎麻 *Boehmeria penduliflora* Wedd. ex Long

科名 荨麻科 Urticaceae　属名 苎麻属 *Boehmeria*

形态特征　灌木。叶对生，叶片长披针形，长 8~25 厘米，宽 2~4.8 厘米，先端长渐尖，基部钝或圆形，两侧常稍不对称，边缘密生小牙齿，基出脉 3 条，侧脉 3~4 对。雌雄异株。雄团伞花序排成长 3~5 厘米的穗状花序；雌团伞花序排成长 20~35 厘米的穗状花序。瘦果卵圆形，有细长的柄和翅。花期 8~9 月，果期 10~11 月。

分布　产于云南、西藏、四川、广西、贵州。生于丘陵、山谷林或灌丛中。

用途　全草入药，治骨折、感冒、风湿关节炎等。

糯米团 *Gonostegia hirta* (Bl.) Miq.

科名 荨麻科 Urticaceae　属名 糯米团属 *Gonostegia*

形态特征　多年生草本。叶对生，叶片草质或纸质，宽披针形至狭披针形，顶端长渐尖至短渐尖，基部浅心形，边缘全缘。团伞花序腋生，通常两性。瘦果卵球形，白色或黑色。花期 5~9 月。

分布　西藏东南部、云南、华南至陕西南部及河南南部广布。生于灌丛或沟边草地中。

用途　茎皮纤维可制人造棉，供混纺或单纺；全草药用，治消化不良、食积胃痛等症；全草可饲猪。

红雾水葛 *Pouzolzia sanguinea* (Bl.) Merr.

科名 荨麻科 Urticaceae　　属名 雾水葛属 *Pouzolzia*

形态特征　灌木。叶互生，叶片薄纸质或纸质，狭卵形、椭圆状卵形，长 2.6~17 厘米，宽 1.5~9 厘米，顶端渐尖，基部圆形、宽楔形，边缘小牙齿，侧脉 2 对。团伞花序，雄花：花被片船状椭圆形，长约 1.6 毫米，合生至中部；雌花：花被宽椭圆形或菱形，长 0.8~1.2 毫米。瘦果卵球形，长约 1.6 毫米。花期 4~8 月。

分布　产于云南、海南、广西、贵州、四川、西藏。生于低山山谷或山坡林、灌丛中。

用途　茎皮及枝皮纤维好，可制绳、麻布及麻袋等。

雾水葛 *Pouzolzia zeylanica* (L.) Benn.

科名 荨麻科 Urticaceae　　属名 雾水葛属 *Pouzolzia*

形态特征　多年生草本。叶全部对生，或茎顶部的对生，叶片草质，卵形，长 1.2~3.8 厘米，宽 0.8~2.6 厘米，顶端短渐尖，基部圆形，边缘全缘，两面有疏伏毛。团伞花序通常两性。瘦果卵球形，淡黄白色。花期秋季。

分布　产于云南南部和东部、广西、广东、福建、江西、浙江西部、安徽南部（黄山）、湖北、湖南、四川、甘肃南部。生于平地的草地上或田边，丘陵或低山的灌丛中或疏林中、沟边，海拔 300~800 米，在云南南部可达 1300 米。

用途　清热利湿，去腐生肌，消肿散毒。

扶芳藤 *Euonymus fortunei* (Turcz.) Hand.-Mazz.

科名 卫矛科 Celastraceae　属名 卫矛属 *Euonymus*

形态特征　常绿藤本灌木。叶薄革质，椭圆形、长方椭圆形或长倒卵形，宽窄变异较大，可窄至近披针形，长3.5~8厘米，宽1.5~4厘米，先端钝或急尖，基部楔形，边缘齿浅不明显。聚伞花序，花白绿色，数4。蒴果粉红色，果皮光滑，近球状。花期6月，果期10月。

分布　产于云南、江苏、浙江、安徽、江西、湖北、湖南、四川、陕西等省份。生于山坡丛林中。

用途　庭园常见地面覆盖植物。

云南翅子藤 *Loeseneriella yunnanensis* (Hu) A. C. Smith

科名 翅子藤科 Hippocrateaceae　属名 翅子藤属 *Loeseneriella*

形态特征　藤本。小枝棕褐色，无毛，具粗糙皮孔。叶纸质，卵状长圆形，长5~10厘米，宽3.5~6厘米，顶端渐尖，基部圆形，全缘，侧脉7~9对，网脉显著。聚伞花序腋生或顶生，花淡黄色，萼片三角状卵形，雄蕊3。蒴果卵状长圆形，基部楔形，顶端圆形，果托不膨大。种子4，种翅较窄。花期3~7月，果期10~11月。

分布　产于云南南部及东南部。生于海拔700~1100米的石灰岩疏林中。

用途　不详。

毛粗丝木 *Gomphandra mollis* Merr.

科名 茶茱萸科 Icacinaceae　　属名 粗丝木属 *Gomphandra*

形态特征　灌木或小乔木。叶纸质，长圆形至倒卵状长圆形，长 11~28 厘米，宽 3~13 厘米，先端渐尖，基部近圆形，背面密被淡黄色短柔毛。聚伞花序与叶对生，长 4~5 厘米，密被黄色短柔毛。雄花白色，数 5。核果椭圆形，果柄密被黄色长柔毛。花期 3~6 月，果期 4~7 月。

分布　产于云南南部。生于海拔 150~1100 米的疏、密林中。

用途　不详。

茎花山柚 *Champereia manillana* var. *longistaminea* (W. Z. Li) H. S. Kiu

科名 山柚子科 Opiliaceae　　属名 台湾山柚属 *Champereia*

形态特征　小乔木。小枝绿色，有灰白色皮孔。叶椭圆形或卵状椭圆形，长 10~12 厘米，宽 3~3.5 厘米，先端急尖或渐尖，基部楔形，下延。花序在主干和老枝上簇生，花瓣 4，淡绿色。核果浅黄色，椭圆形，长约 3 厘米，直径 2 厘米。花期 3~4 月，果期 4~7 月。

分布　产于云南。生于海拔 1000~1400 米的河谷密林中。

用途　嫩枝、叶、花序可作蔬菜。

五蕊寄生 *Dendrophthoe pentandra* (L.) Miq.

科名 桑寄生科 Loranthaceae　　属名 五蕊寄生属 *Dendrophthoe*

形态特征　灌木。小枝灰色，具散生皮孔。叶革质，互生或在短枝上近对生，叶形多样，披针形至近圆形，通常为椭圆形，长 5~13 厘米，宽 2.5~8.5 厘米，顶端急尖或圆钝，基部楔形或圆钝。总状花序，1~3 个腋生或簇生于小枝落叶腋部；花初呈青白色，后变红黄色，花托卵球形或坛状。果卵球形，顶部较狭，红色。花果期 12 月至翌年 6 月。

分布　产于云南、广西、广东。常寄生于乌榄、白榄、木油桐、杧果、黄皮、木棉、榕树等多种植物上。

用途　可入药，用于痢疾、腰痛、虚劳。

沙针 *Osyris quadripartita* Salzmann ex Decaisne

科名 檀香科 Santalaceae　　属名 沙针属 *Osyris*

形态特征　灌木或小乔木。叶薄革质，椭圆状披针形，长 2.5~6 厘米，宽 0.6~2 厘米，顶端尖，有短尖头，基部渐狭，下延而成短柄。核果近球形，成熟时橙黄色至红色，花期 4~6 月，果期 10 月。

分布　产于云南、西藏、四川、广西。生于海拔 600~2700 米灌丛中。

用途　根部含有类似檀香的芳香油，祛风并治跌打损伤；心材作檀香的代用品。

短柄铜钱树 *Paliurus orientalis* (Franch.) Hemsl.

科名 鼠李科 Rhamnaceae　　属名 马甲子属 *Paliurus*

形态特征　乔木。小枝褐色，被毛。叶互生，纸质，宽椭圆形，长 4.5~10 厘来，宽 2.5~5 厘米，顶端渐尖，基部稍偏斜，边缘具细钝锯齿，叶基生 3 脉。腋生聚伞花序，花瓣椭圆状匙形。核果草帽状，具革质宽翅，紫红色。花期 4~6 月，果期 7~10 月。

分布　产于云南和四川西南部。生于海拔 900~2200 米的山地林中。

用途　树皮含鞣质，可提制栲胶。

滇刺枣 *Ziziphus mauritiana* Lam.

科名 鼠李科 Rhamnaceae　　属名 枣属 *Ziziphus*

形态特征　常绿乔木或灌木。叶纸质至厚纸质，卵形，长 2.5~6 厘米，宽 1.5~4.5 厘米，顶端圆形，基部稍偏斜，边缘具细锯齿，基生 3 出脉。花绿黄色，两性，基数 5。核果矩圆形，橙色，成熟时黑色。种子宽而扁。花期 8~11 月，果期 9~12 月。

分布　产于云南、四川、广东、广西。生于海拔 1800 米以下的山坡、丘陵、河边湿润林中或灌丛中。

用途　木材坚硬，纹理密致，适于制作家具和工业用材；果实可食；树皮供药用，治烧伤，有消炎、生肌的功效；叶含单宁，可提取栲胶。

乌蔹莓 *Cayratia japonica* (Thunb.) Gagnep.

科名 葡萄科 Vitaceae　属名 乌蔹莓属 *Cayratia*

形态特征　草质藤本。叶为鸟足状5小叶，中央小叶长椭圆形或椭圆披针形，长2.5~4.5厘米，宽1.5~4.5厘米，顶端急尖或渐尖，基部楔形，侧生小叶椭圆形或长椭圆形，长1~7厘米，宽0.5~3.5厘米，顶端急尖或圆形，基部楔形或近圆形，边缘每侧有6~15个锯齿。复二歧聚伞花序；花萼碟形；花瓣三角状卵圆形。果实近球形，直径约1厘米。种子三角状倒卵形。花期3~8月，果期8~11月。

分布　产于云南、陕西、河南、山东、安徽、江苏、浙江、湖北、湖南、福建、台湾、广东、广西、海南、四川、贵州。

用途　全草入药，凉血解毒、利尿消肿。

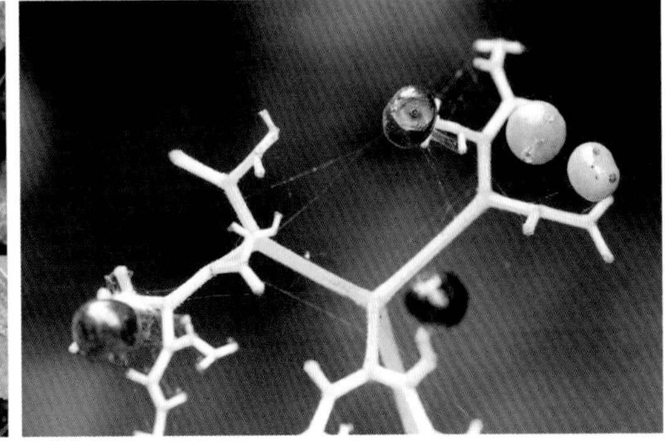

调料九里香 *Murraya koenigii* (L.) Spreng.

科名 芸香科 Rutaceae　属名 九里香属 *Murraya*

形态特征　灌木或小乔木。嫩枝有短柔毛，小叶17~31，小叶斜卵形，基部钝或圆，一侧偏斜，两侧甚不对称，全缘或叶缘有细钝裂齿，油点干后变黑色。伞房状聚伞花序顶生或腋生，花瓣5，倒披针形或长圆形，白色，有油点，雄蕊10。嫩果长卵形，成熟时长椭圆形，蓝黑色。有种子1~2。花期3~4月，果期7~8月。

分布　产于云南南部、海南南部。生于海拔500~1600米较湿润的阔叶林中。

用途　鲜叶有芳香气味，印度、斯里兰卡居民用其叶作咖喱调料。

飞龙掌血 *Toddalia asiatica* (L.) Lam.

科名 芸香科 Rutaceae　　属名 飞龙掌血属 *Toddalia*

形态特征　木质藤本。老茎具木栓层，茎枝及叶轴具钩刺。3 小叶复叶，互生，密生透明油腺点，小叶无柄，卵形、倒卵形、椭圆形或倒卵状椭圆形，长 5~9 厘米，先端骤尖或短尖，基部宽楔形，中部以上具钝圆齿。雄花序为伞房状圆锥花序，雌花序为聚伞圆锥花序。核果橙红，近球形，含胶液。花期几乎全年，果期多在秋冬季。

分布　产于秦岭以南各地，最北限见于陕西西乡县，南至海南，东南至台湾，西南至西藏东南部。生于海拔 2000 米以下的山地。

用途　成熟的果味甜，但果皮含麻辣成分；根可入药用，有活血散瘀、祛风除湿、消肿止痛的功效。

竹叶花椒 *Zanthoxylum armatum* DC.

科名 芸香科 Rutaceae　　属名 花椒属 *Zanthoxylum*

形态特征　落叶小乔木。茎枝多锐刺。小叶 3~9；小叶对生，通常披针形，长 3~12 厘米，宽 1~3 厘米。花序近腋生或同时生于侧枝之顶；花被片 6~8 片，形状与大小几乎相同；雄花的雄蕊 5~6。果紫红色，有微凸起少数油点。种子直径 3~4 毫米，褐黑色。花期 4~5 月，果期 8~10 月。

分布　产于山东以南，南至海南，东南至台湾，西南至西藏东南部。

用途　作香料；入药可治胃痛、风湿关节炎等。

白头树 *Garuga forrestii* W. W. Smith

科名 橄榄科 Burseraceae　　属名 嘉榄属 *Garuga*

形态特征　落叶乔木。小叶 11~19，小叶近无柄，披针形至椭圆状长圆形，先端渐尖，基部圆形，具浅齿，有圆形小托叶。圆锥花序侧生和腋生，花轴及分枝纤细，密被直立的柔毛，花白色，花瓣卵形，外被茸毛。果近卵形，一侧肿胀，横切面多少呈钝三角形，两端尖，先端具喙而偏斜一侧。花期 4 月，果期 5~11 月。

分布　产于云南干热河谷、四川。生于海拔 900~2400 米的坡地或山谷杂木林中，为河谷稀树草坡的上层优势树种。

用途　可用于河谷造林。

印楝 *Azadirachta indica* A. Juss.

科名 楝科 Meliaceae　　属名 印楝属 *Azadirachta*

形态特征　乔木。树皮厚，表面深棕色，多纵裂。一回奇数羽状复叶，复叶长度 20~30 厘米，小叶向内弯曲如镰刀状，接近对生或对生。圆锥花序，花辐射状，白色，芳香，花瓣舌形。果为核果，表面光滑，嫩果似橄榄形，成熟果近短椭圆形。

分布　主要分布于东南亚热带地区。

用途　种子可提印楝素，用来生产广谱性生物农药。

灰毛浆果楝 *Cipadessa baccifera* (Roth.) Miq.

科名 楝科 Meliaceae　属名 浆果楝属 *Cipadessa*

形态特征　灌木或小乔木。小枝红褐色。叶互生，有小叶 4~6 对，对生。圆锥花序，花瓣白色或淡黄色，膜质，长椭圆形，雄蕊稍短于花瓣。核果熟后紫红色，有棱。花期 4~6 月，果期 12 月至翌年 2 月。

分布　产于云南、贵州、四川、广西等省。

用途　根叶入药，有祛风化湿、行气止痛的功效。

川楝 *Melia azedarach* L.

科名 楝科 Meliaceae　属名 楝属 *Melia*

形态特征　落叶乔木。树皮灰褐色，纵裂。叶为二至三回奇数羽状复叶，长 20~40 厘米；小叶对生，卵形、椭圆形至披针形，顶生一片通常略大，先端短渐尖，基部楔形或宽楔形，多少偏斜，边缘有钝锯齿。圆锥花序约与叶等长；花芳香；花瓣淡紫色。核果椭圆形。种子椭圆形。花期 4~5 月，果期 10~12 月。

分布　产于我国黄河以南各省份。生于低海拔旷野、路旁或疏林中，目前已广泛引为栽培。

用途　果实含川楝素、生物碱、树脂及鞣质等。根、茎、皮、叶均可药用。

羽状地黄连 *Munronia pinnata* (Wallich) W. Theobald

科名 楝科 Meliaceae　　属名 地黄连属 *Munronia*

形态特征　矮小半灌木。叶簇生茎顶，小叶 2~3 对，披针形，全缘或 1~3 对圆齿。总状花序腋生，花白色。蒴果绿色，扁球形。种子淡褐色，腹面下凹。花期 6~11 月。

分布　产于云南、贵州等省。

用途　全株入药，跌打损伤及风湿痛等。

红椿 *Toona ciliata* M. Roem.

科名 楝科 Meliaceae　　属名 香椿属 *Toona*

形态特征　大乔木。叶为偶数或奇数羽状复叶，长 25~40 厘米，通常有小叶 7~8 对，小叶对生或近对生，纸质，长圆状卵形，先端尾状渐尖，基部一侧圆形，另一侧楔形，不等边。圆锥花序顶生，花瓣 5，白色，长圆形。蒴果长椭圆形。种子两端具翅，翅扁平，膜质。花期 4~6 月，果期 10~12 月。

分布　产于云南、福建、湖南、广东、广西、四川等省份；生于低海拔沟谷林中或山坡疏林中。

用途　木材纹理通直、质软、耐腐，适宜建筑、车舟、茶箱、家具、雕刻等用材；树皮含单宁，可提制栲胶。

倒地铃 *Cardiospermum halicacabum* L.

科名 无患子科 Sapindaceae　　属名 倒地铃属 *Cardiospermum*

形态特征　草质攀缘藤本。二回三出复叶，轮廓为三角形，小叶近无柄，薄纸质，顶生的斜披针形或近菱形，顶端渐尖。圆锥花序，花瓣乳白色，倒卵形。蒴果梨形、陀螺状倒三角形。种子黑色，种脐心形。花期夏秋，果期秋季至初冬。

分布　产于我国东部、南部和西南部。生于田野、灌丛、路边和林缘。

用途　全株可药用，味苦性凉，有清热利水、凉血解毒和消肿等功效。

茶条木 *Delavaya toxocarpa* Franch.

科名 无患子科 Sapindaceae　　属名 茶条木属 *Delavaya*

形态特征　灌木或小乔木。树皮褐红色。小叶薄革质，中间一片椭圆形或卵状椭圆形，有时披针状卵形，长 8~15 厘米，宽 1.5~4.5 厘米，顶端长渐尖，基部楔形，全部小叶边缘均有稍粗的锯齿，很少全缘。花瓣白色或粉红色，长椭圆形或倒卵形。蒴果深紫色。花期 4 月，果期 8 月。

分布　产于云南大部分地区（金沙江、红河、南盘江河谷地区常见）和广西西部、西南部。生于海拔 500~2000 米处的密林中，有时亦见于灌丛。

用途　种子含油率很高，因含有毒素，不能食用，可供制肥皂等。

车桑子 *Dodonaea viscosa* (L.) Jacq.

科名 无患子科 Sapindaceae **属名** 车桑子属 *Dodonaea*

形态特征 灌木或小乔木。小枝扁，有狭翅或棱角，覆有胶状黏液。单叶，纸质，形状和大小变异很大，线形至长圆形。花序顶生或在小枝上部腋生。蒴果倒心形或扁球形，2 或 3 翅。种子每室 1 或 2，透镜状，黑色。花期秋末，果期冬末春初。

分布 产于我国西南部、南部至东南部。生于干旱山坡、旷地或海边的沙土上。

用途 耐干旱，萌生力强，根系发达，又有丛生习性，是一种良好的固沙保土树种；种子油供照明和作肥皂。

平伐清风藤 *Sabia dielsii* Lévl.

科名 清风藤科 Sabiaceae **属名** 清风藤属 *Sabia*

形态特征 落叶攀缘木质藤本。叶纸质，卵状披针形，长圆状卵形或椭圆状卵形，长 6~12 厘米，宽 2~6 厘米，先端渐尖，基部圆或阔楔形。聚伞花序有花 2~6 朵，花瓣 5；雄蕊 5。分果爿近肾形，长 4~8 毫米。核无中肋，两侧面有明显的蜂窝状凹穴，腹部平。花期 4~6 月，果期 7~10 月。

分布 产于云南中部以南、贵州东南部至西南部、广西北部。生于海拔 800~2000 米的山坡、溪旁灌木丛或森林的边缘。

用途 全株祛风、止痛，用于风湿关节痛。

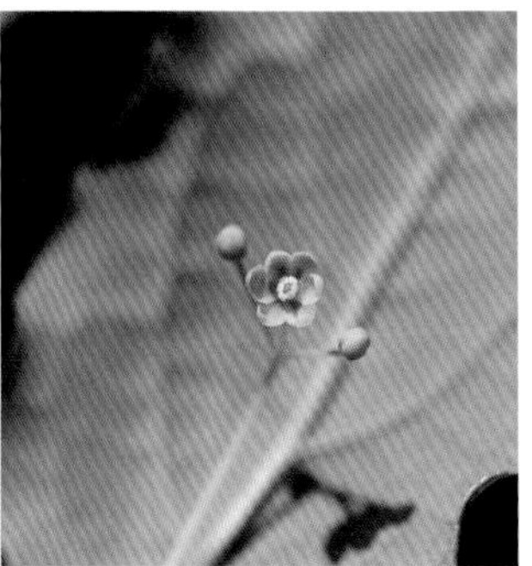

豆腐果 *Buchanania latifolia* Roxb.

科名 漆树科 Anacardiaceae 属名 山様子属 *Buchanania*

形态特征　落叶乔木。树皮纵皱，小枝粗壮，暗褐色，具圆形凸起皮孔，被锈色微茸毛。叶革质，阔长圆形，长 12~24 厘米，宽 6~10 厘米，先端圆形或微凹，基部阔楔形，全缘。圆锥花序顶生，密被锈色茸毛，花白色，花瓣 5，长圆形。核果双凸镜状，成熟时变黑色。

分布　产于云南（南部）、广东、海南。生于海拔 120~900 米的沟谷疏林中。

用途　木材质轻，不耐腐，宜作箱板和家具；种子可磨豆腐，故得其名。

厚皮树 *Lannea coromandelica* (Houtt.) Merr.

科名 漆树科 Anacardiaceae 属名 厚皮树属 *Lannea*

形态特征　落叶乔木。树皮灰白色，厚。奇数羽状复叶常集生小枝顶端，长 10~33 厘米，有小叶 3~4 对，小叶膜质或薄纸质，长圆状卵形，先端长渐尖，基部略偏斜，全缘。花小，黄色或带紫色，排列成顶生分枝或不分枝的总状花序。核果卵形，略压扁，成熟时紫红色，无毛。

分布　产于云南（南部）、广西（南部）、广东（西南部）。生于海拔 130~1800 米的山坡、溪边或旷野林中。

用途　树皮可提制栲胶，树皮浸出液可涂染鱼网；茎皮纤维可织粗布；木材轻软，可作家具和箱板等；种子可榨油。

黄连木 *Pistacia chinensis* Bunge

科名 漆树科 Anacardiaceae　　属名 黄连木属 *Pistacia*

形态特征　落叶乔木。奇数羽状复叶互生，有小叶 5~6 对，叶轴具条纹；小叶对生或近对生，纸质，披针形，长 5~10 厘米，宽 1.5~2.5 厘米，先端渐尖或长渐尖，基部偏斜，全缘。花单性异株，先花后叶，圆锥花序腋生；雄花：花被片 2~4，披针形，大小不等，雄蕊 3~5；雌花：花被片 7~9，大小不等。核果倒卵状球形，略压扁，成熟时紫红色，干后具纵向细条纹，先端细尖。

分布　产于长江以南各省份及华北、西北地区。生于海拔 140~3550 米的林中。

用途　木材鲜黄色，可提黄色染料；材质坚硬致密，可供家具和细木工用材；种子榨油可作润滑油或制皂；幼叶可充蔬菜，并可代茶。

清香木 *Pistacia weinmanniifolia* J. Poisson ex Franchet

科名 漆树科 Anacardiaceae　　属名 黄连木属 *Pistacia*

形态特征　常绿小乔木。树皮灰褐色。偶数羽状复叶，互生，长 6~15 厘米，叶轴有窄翅，小叶 6~16，革质，矩圆形，顶端圆钝，微凹，基部楔形，全缘。圆锥花序腋生，花雌雄异株，小形，无花瓣。核果球形，成熟时红色，有网纹。

分布　产于云南中部、北部及四川南部等地。生于干热河谷地区的灌丛中或林中。

用途　叶可提取芳香油；种子榨油。

盐肤木 *Rhus chinensis* Mill.

科名 漆树科 Anacardiaceae　　属名 盐肤木属 *Rhus*

形态特征　落叶小乔木或灌木。小枝棕褐色，被锈色柔毛，具圆形小皮孔。奇数羽状复叶，有小叶 3~6 对，叶轴具宽的叶状翅，小叶多形，卵形至长圆形，先端急尖，基部圆形。圆锥花序宽大，多分枝。核果球形，略压扁，成熟时红色。花期 8~9 月，果期 10 月。

分布　产于我国除东北、内蒙古和新疆外的其余省份。生于海拔 170~2700 米的向阳山坡、沟谷、溪边的疏林或灌丛中。

用途　本种为五倍子蚜虫寄主植物，在幼枝和叶上形成虫瘿，即五倍子，可供鞣革、医药、塑料和墨水等工业上用；幼枝和叶可作土农药；果泡水代醋用，生食酸咸止渴；种子可榨油；根、叶、花及果均可供药用。

三叶漆 *Terminthia paniculata* (Wall. ex G. Don) C. Y. Wu & T. L. Ming

科名 漆树科 Anacardiaceae　　属名 三叶漆属 *Terminthia*

形态特征　灌木或小乔木。小枝圆柱形，无毛，疏生小皮孔，掌状 3 小叶，小叶坚纸质至薄纸质，椭圆形，通常最宽处在叶的中上部。圆锥花序顶生或生于上部叶腋，花淡黄色。核果近球形，略压扁，外果皮橙红色，无毛。

分布　产于云南（南部至西南部）。生于海拔 400~1500 米的稀树草地或灌丛中。

用途　树皮可用于治风湿关节痛。

喜树 *Camptotheca acuminata* Decne.

科名 蓝果树科 Nyssaceae　属名 喜树属 *Camptotheca*

形态特征　落叶乔木。树皮浅灰色，纵裂成浅沟状。叶互生，纸质，矩圆状卵形，长 12~28 厘米，宽 6~12 厘米，顶端短锐尖，基部近圆形或阔楔形，全缘。头状花序近球形，花杂性，同株。翅果矩圆形，顶端具宿存的花盘，两侧具窄翅。花期 5~7 月，果期 9 月。

分布　产于云南、江苏南部、浙江、福建、江西、湖北、湖南、四川、贵州、广东、广西等省份。生于低海拔的溪边或林边。

用途　树干挺直，生长迅速，可作为庭园树或行道树；树根可作药用。

积雪草 *Centella asiatica* (L.) Urban

科名 伞形科 Apiaceae　属名 积雪草属 *Centella*

形态特征　多年生草本。叶片膜质至草质，圆形、肾形或马蹄形，长 1~2.8 厘米，宽 1.5~5 厘米，边缘有钝锯齿，基部阔心形；掌状脉 5~7。伞形花序梗 2~4 个，聚生于叶腋；花瓣卵形，紫红色或乳白色，膜质。果实两侧扁压，圆球形。花果期 4~10 月。

分布　产于云南、陕西、江苏、安徽、浙江、江西、湖南、湖北、福建、台湾、广东、广西、四川等省份。生于阴湿的草地或水沟边。

用途　全草入药，有清热利湿、消肿解毒等功效。

岩柿 *Diospyros dumetorum* W. W. Smith

科名 柿树科 Ebenaceae 属名 柿属 *Diospyros*

形态特征 小乔木。叶披针形或倒披针形，长 2~6 厘米，宽 1~3 厘米，先端钝或急尖，基部楔形、钝或圆形。雄花序单生，花萼深 4 裂，裂片卵状三角形；花冠白色，壶形，裂片 4；雄蕊每 2 枚连生成对。雌花单生，花萼深 4 裂；花冠壶形，四脊上有白色柔毛。果卵形，直径约 1 厘米。种子卵形。花期 4~5 月，果期 10 月至翌年 2 月。

分布 产于云南、四川、贵州。生于山地灌丛、混交林、山谷、河边、林边田畔或石灰岩石山上。

用途 木材可作家具；果可提取柿漆。

云南柿 *Diospyros yunnanensis* Rehd. et Wils.

科名 柿树科 Ebenaceae 属名 柿属 *Diospyros*

形态特征 乔木。叶纸质，椭圆形，长 3.5~4.5 厘米，宽 1~3 厘米，先端渐尖，尖头急尖或钝，基部圆或宽楔形。雄花序为聚伞花序，有花 1~3 朵，深 4 裂。果近球形。花期 5 月，果期 9 月。

分布 产于云南南部（思茅、蒙自、屏边等）。生于海拔 700~1600 米的山坡灌木丛、草坡上、山地疏林或密林中。

用途 木材可作家具。

白檀 *Symplocos paniculata* (Thunb.) Miq.

科名 山矾科 Symplocaceae　　属名 山矾属 *Symplocos*

形态特征　落叶灌木或小乔木。叶膜质或薄纸质，阔倒卵形、椭圆状倒卵形或卵形，长 3~11 厘米，宽 2~4 厘米，先端急尖或渐尖，基部阔楔形或近圆形，边缘有细尖锯齿。圆锥花序长 5~8 厘米，通常有柔毛；花冠白色；雄蕊 40~60。核果熟时蓝色，卵状球形，稍偏斜。花期 4~5 月，果期 8 月。

分布　产于东北、华北、华中、华南、西南各地。生于海拔 760~2500 米的山坡、路边、疏林或密林中。

用途　叶药用；根皮与叶可作农药。

珠仔树 *Symplocos racemosa* Roxb.

科名 山矾科 Symplocaceae　　属名 山矾属 *Symplocos*

形态特征　灌木或小乔木。叶革质，长圆状卵形，先端圆或急尖，基部阔楔形，全缘或有稀疏的浅锯齿。总状花序，花冠白色，5 深裂几达基部，裂片长圆状卵形，雄蕊约 80，核果长圆形，具 3 条深纵棱和 9 条浅纵棱。花期冬末春初，果期 6 月。

分布　产于云南、四川西南部、广西、广东、海南。生于海拔 130~1600 米的林中。

用途　树皮可代金鸡纳；叶药用，治眼热症。

大叶醉鱼草 *Buddleja davidii* Fr.

科名 马钱科 Loganiaceae　　属名 醉鱼草属 *Buddleja*

形态特征　灌木，密被星状毛。叶卵状披针形至披针形，长5~20厘米，宽2~5厘米，顶端渐尖，基部楔形，边缘疏生细锯齿。总状圆锥花序，花萼密被星状毛，裂片长三角形；花冠紫色，裂片近圆形；雄蕊着生花冠管中部。蒴果条状长圆形，长6~8毫米。花期6~7月，果期8~10月。

分布　产于云南、江苏、浙江、湖北、湖南、广西、陕西、甘肃、四川、贵州、西藏等地。生于山坡、沟边灌木丛中。

用途　可药用，祛风散寒、止咳、消积。

密蒙花 *Buddleja officinalis* Maxim.

科名 马钱科 Loganiaceae　　属名 醉鱼草属 *Buddleja*

形态特征　灌木，密被星状毛。叶狭椭圆形，长4~19厘米，宽2~8厘米，顶端渐尖，基部楔形，全缘；托叶缢缩成一横线。聚伞圆锥花序；花萼钟状，裂片三角形；花冠长1~1.3厘米，花冠管圆筒形，裂片卵形；雄蕊生于花冠管中部。蒴果椭圆状，2瓣裂。种子两端具翅。花期3~4月，果期5~8月。

分布　产于云南、山西、陕西、甘肃、江苏、安徽、福建、河南、湖北、湖南、广东、广西、四川、贵州和西藏等省份。生于海拔200~2800米向阳山坡、河边、村旁的灌木丛中或林缘。

用途　全株药用，清热利湿、明目退翳；花可提取芳香油。

白枪杆 *Fraxinus malacophylla* Hemsl.

科名 木犀科 Oleaceae　　属名 梣属 *Fraxinus*

形态特征　落叶乔木。树皮灰白色，羽状复叶长约 25 厘米，叶轴上面具窄沟，均密被棕色茸毛；小叶 9~15 枚，革质，椭圆形至披针状椭圆形，先端急尖或钝，基部楔形至阔楔形，近全缘。圆锥花序，花冠白色，裂片线形，两性花具雄蕊 2，伸出花冠之外。翅果匙形。花期 6 月，果期 9~10 月。

分布　产于云南、广西。生于石灰岩山地次生林中，为优势种之一，海拔 500~1500 米。

用途　根皮可入药用；可用于干热河谷区造林。

亮叶素馨 *Jasminum seguinii* Lévl.

科名 木犀科 Oleaceae　　属名 素馨属 *Jasminum*

形态特征　缠绕木质藤本。叶对生，单叶，叶片革质，椭圆形或狭椭圆形，长 4~10 厘米，宽 1.5~6.5 厘米，先端锐尖、渐尖或骤凸尖，基部楔形或圆形。总状或圆锥状聚伞花序；花芳香；花冠白色，高脚碟状。果近球形，呈黑色。花期 5~10 月，果期 8 月至翌年 4 月。

分布　产于云南、海南、广西、四川、贵州。生于山坡草地、溪边、灌丛及疏林中，低海拔至海拔 2700 米。

用途　根药用，具强壮、健胃的功效。

元江素馨 *Jasminum yuanjiangense* P. Y. Bai

科名 木犀科 Oleaceae　　属名 素馨属 *Jasminum*

形态特征　攀缘灌木。小枝灰白色，近圆柱形。叶对生或3叶轮生，单叶，叶片纸质或薄革质，倒卵形，长1~1.5厘米，宽0.7~1厘米，先端微凹或圆钝，具短尖头，基部楔形。花单生或2~3朵排成聚伞花序，花冠白色，花冠管纤细。果双生。果期至翌年5月。

分布　产于云南元江、元阳。生于河谷灌丛中，海拔330~550米。

用途　园林观赏。

尖叶木犀榄 *Olea europaea* subsp. *cuspidata* (Wall. ex G. Don) Ciferri

科名 木犀科 Oleaceae　　属名 木犀榄属 *Olea*

形态特征　灌木或小乔木。叶片革质，狭披针形至长圆状椭圆形，长3~10厘米，宽1~2厘米，先端渐尖，具长凸尖头，基部渐窄。圆锥花序腋生，长1~4厘米，宽1~2厘米。果宽椭圆形或近球形，成熟时呈暗褐色。花期4~8月，果期8~11月。

分布　产于云南。生于林中或河畔灌丛。

用途　园林观赏，作绿植。

假虎刺 *Carissa spinarum* L.

科名 夹竹桃科 Apocynaceae　属名 假虎刺属 *Carissa*

形态特征　灌木。叶革质，卵圆形至椭圆形，长2~5.5厘米，宽1.2~2.5厘米，先端短渐尖，基部楔形，花3~7朵组成聚伞花序，顶生或腋生，花小，白色。浆果椭圆形，成熟时紫黑色，内有2个盾形且具皱纹的种子。花期3~5月，果期10~12月。

分布　产于云南和贵州等省份。生于沙地灌木丛中。

用途　根入药，可治黄疸性肝炎、风湿关节炎及咽喉肿痛等。

黄花夹竹桃 *Thevetia peruviana* (Pers.) K. Schum.

科名 夹竹桃科 Apocynaceae　属名 黄花夹竹桃属 *Thevetia*

形态特征　乔木，全株无毛。树皮棕褐色，皮孔明显，全株具丰富乳汁，叶互生，近革质，无柄，线状披针形，全缘。花大，黄色，具香味，顶生聚伞花序，花冠漏斗状，花冠筒喉部具5个被毛的鳞片。核果扁三角状球形。种子2~4颗。花期5~12月，果期8月至翌年春季。

分布　原产美洲热带地区。我国云南、台湾、福建、广东、广西等省份均有栽培，有时野生。生于干热地区，路旁、池边、山坡疏林下。

用途　树液和种子有毒；种子可榨油；果仁含有黄花夹竹桃素，有强心、利尿、祛痰、发汗、催吐等功效；花期几乎全年，适作绿植。

乳突果 *Adelostemma gracillimum* (Wall. ex Wight) Hook. f.

科名 萝藦科 Asclepiadaceae　　属名 乳突果属 *Adelostemma*

形态特征　缠绕藤本。叶心脏形，长 3.5~6 厘米，宽 2.5~4.5 厘米；叶柄顶端具丛生小腺体；叶腋内有时具 1 对近圆形的小叶。伞房状聚伞花序；花萼外面被柔毛，内面基部具 5 个腺体；花冠白色，张开时反卷；副花冠生于合蕊冠中部，裂片三角形。蓇葖常单生，基部膨大外果皮具乳头状凸起。种子扁圆形。花期秋季，果期冬季。

分布　产于云南、贵州和广西。生于山地灌丛或山谷林中。

用途　果实可用于疮疖及毒蛇咬伤。

牛角瓜 *Calotropis gigantea* (L.) W. T. Aiton

科名 萝藦科 Asclepiadaceae　　属名 牛角瓜属 *Calotropis*

形态特征　直立灌木。全株具乳汁。叶倒卵状长圆形，长 8~20 厘米，宽 3.5~9.5 厘米，顶端急尖，基部心形，两面被灰白色茸毛，老渐脱落。聚伞花序，腋生和顶生，花冠紫蓝色，辐状，裂片卵圆形。蓇葖单生，膨胀，端部外弯。种子广卵形，顶端具白色绢质种毛。花果期几乎全年。

分布　产于云南、四川、广西和广东等省份。生于低海拔向阳山坡、旷野地及海边。

用途　茎皮纤维可供造纸、制绳索及人造棉，织麻布、麻袋；种毛可作丝绒原料及填充物；乳汁干燥后可用作树胶原料，还可制鞣料及黄色染料；全株可作绿肥。

古钩藤 *Cryptolepis buchananii* Roem. et Schult.

科名 萝藦科 Asclepiadaceae　　属名 白叶藤属 *Cryptolepis*

形态特征　木质藤本，具乳汁。叶纸质，长圆形，长 10~18 厘米，宽 4.5~7.5 厘米，顶端圆形具小尖头，基部阔楔形。花冠黄白色，蓇葖 2，叉开成直线，长圆形，外果皮具纵条纹，无毛。种子卵圆形，顶端具白色绢质种毛。花期 3~8 月，果期 6~12 月。

分布　产于云南、贵州、广西和广东等省份。生于海拔 500~1500 米山地疏林中或山谷密林中。

用途　茎皮纤维坚韧，常作绳索；种毛作填充物。

南山藤 *Dregea volubilis* (L. f.) Benth. ex Hook. f.

科名 萝藦科 Asclepiadaceae　　属名 南山藤属 *Dregea*

形态特征　藤本。叶宽卵形或圆形，长 7~15 厘米，宽 5~12 厘米，顶端急尖或渐尖，基部截形或浅心形。伞形状聚伞花序；花萼裂片外面被柔毛；花冠黄绿色，裂片广卵形；副花冠裂片肉质膨胀，内角延伸成尖角。蓇葖披针状圆柱形，长 12 厘米。种子广卵形，长 1.2 厘米。花期 4~9 月，果期 7~12 月。

分布　产于云南、贵州、广西、广东及台湾等省份。生于海拔 500 米以下山地林中。

用途　全株可入药用，有催吐、利尿、除湿郁的功效。

毛喉牛奶菜 *Marsdenia lachnostoma* Benth.

科名 萝藦科 Asclepiadaceae　　属名 牛奶菜属 *Marsdenia*

形态特征　攀缘灌木。叶长圆形，长 2.5~5 厘米，宽 2 厘米，顶端钝形或渐尖钝头，基部圆形或略作心形。聚伞花序伞形状，紧密，比叶为短，花序梗比叶柄为长；花萼裂片卵圆形；花冠干时淡黄色，近钟状，花冠喉部具倒生的茸毛。

分布　产于云南、广东南部沿海岛屿。

用途　全株可入药，有治疗肾虚腰痛、风湿劳伤、脾胃虚弱等功效。

通光散 *Marsdenia tenacissima* (Roxb.) Moon

科名 萝藦科 Asclepiadaceae　　属名 牛奶菜属 *Marsdenia*

形态特征　木质藤本。叶宽卵形，长和宽 15~18 厘米，基部深心形，两面均被茸毛。伞形状复聚伞花序，腋生；花冠黄紫色；副花冠裂片短于花药。蓇葖果长披针形，长约 8 厘米，直径 1 厘米，密被柔毛。花期 6 月，果期 11 月。

分布　产于云南和贵州的南部。生于海拔 2000 米以下的疏林中。

用途　著名纤维植物，常作弓弦绳索；藤茎可药用，民间用作治支气管炎、哮喘、肺炎、扁桃腺炎、膀胱炎等。

绒毛蓝叶藤 *Marsdenia tinctoria* R. Br.

科名 萝藦科 Asclepiadaceae 属名 牛奶菜属 *Marsdenia*

形态特征 攀缘灌木，全株被有茸毛。叶长圆形或卵状长圆形，长 5~12 厘米，宽 2~5 厘米，先端渐尖，基部近心形，鲜时蓝色，干后亦呈蓝色。聚伞圆锥花序近腋生；花黄白色。蓇葖果具茸毛，圆筒状披针形，长达 10 厘米，直径约 1 厘米。花期 3~5 月，果期 8~12 月。

分布 产于云南、四川、广西、台湾等省份。生于潮湿杂木林中。

用途 花、叶、茎皮产蓝色染料；茎、果实可药用，用于风湿骨痛、肝肿大、胃脘痛。

翅果藤 *Myriopteron extensum* (Wight et Arnott) K. Schum.

科名 萝藦科 Asclepiadaceae 属名 翅果藤属 *Myriopteron*

形态特征 藤本，具乳汁。叶卵圆形，长 8~18 厘米，宽 4~11 厘米，顶端急尖或圆，基部圆形。圆锥状聚伞花序；花萼裂片卵圆形，内面基部有腺体；花冠辐状，裂片长圆状披针形；副花冠为 5 枚鳞片组成。蓇葖果椭圆状长圆形，长约 7 厘米，基部膨大，外果皮具有纵翅。种子长卵形。花期 5~8 月，果期 8~12 月。

分布 产于云南、广西和贵州。生于山地疏林或山地坡路弯、溪边灌木丛中。

用途 药用，有消炎、润肺、止咳的功效。

暗消藤 *Streptocaulon juventas* (Lour.) Merr.

科名 萝藦科 Asclepiadaceae　　属名 马莲鞍属 *Streptocaulon*

形态特征　藤本，具乳汁。叶宽卵形或圆形，长 9~14 厘米，宽 6~9.5 厘米，顶端钝或圆形，基部心形。二歧或三歧聚伞花序圆锥状；花黄褐色；花萼内面有 5 个小腺体；花冠辐状，裂片卵圆形；副花冠裂片丝状，着生花冠基部。蓇葖果叉生成直线，长圆状披针形，长 9~13 厘米。种子长圆形。花期 5~8 月，果期 9~12 月。

分布　产于云南和广西。生于山地疏林或丘陵、山谷密林中。

用途　根茎健脾胃，通乳。

香果树 *Emmenopterys henryi* Oliv.

科名 茜草科 Rubiaceae　　属名 香果树属 *Emmenopterys*

形态特征　落叶乔木。树皮灰褐色，鳞片状。小枝有皮孔。叶纸质或革质，阔椭圆形，长 6~30 厘米，宽 3.5~14.5 厘米，全缘，托叶大，三角状卵形，早落。圆锥状聚伞花序顶生，花芳香，变态的叶状萼裂片白色、淡红色或淡黄色，匙状卵形，花冠漏斗形，白色或黄色。蒴果长圆状卵形。种子多数，小而有阔翅。花期 6~8 月，果期 8~11 月。

分布　产于云南、陕西、甘肃、江苏、安徽、浙江、江西、福建、河南、湖北、湖南、广西、四川、贵州。生于海拔 430~1630 米处的山谷林中，喜湿润而肥沃的土壤。

用途　树干高耸，花美丽，可作庭园观赏树；树皮纤维柔细，是制蜡纸及人造棉的原料；木材纹理直，结构细，供制家具和建筑用；耐涝，可作固堤植物。

心叶木 *Haldina cordifolia* (Roxb.) Ridsd.

科名 茜草科 Rubiaceae　　属名 心叶木属 *Haldina*

形态特征　落叶乔木。树干常有板状基部和沟槽。叶对生，薄革质，广卵形，长 8~16 厘米，宽 8~16 厘米，顶端短尖，基部心形，托叶有显著龙骨，具短柔毛。头状花序，淡黄色，腋生。小蒴果被短柔毛。种子卵圆球形至三棱形，压扁，基部具短翅，顶部有 2 个短爪状的凸起。花期春夏。

分布　产于云南南部和东南部（红河河谷）。生于海拔 330~1000 米处的林中。

用途　可作园林观赏及干热河谷造林。

云南鸡矢藤 *Paederia yunnanensis* (Lévl.) Rehd.

科名 茜草科 Rubiaceae　　属名 鸡矢藤属 *Paederia*

形态特征　藤状灌木。叶卵状心形，长 6~10 厘米，宽 3.5~6 厘米，顶端尾尖，基部心形。圆锥花序；花萼管倒卵形，萼檐裂片 5，长圆状披针形；花冠管管状，裂片阔三角形。果卵形，有宿存被毛萼檐裂片；小坚果压扁，具 1 毫米宽翅。花期 6~10 月。

分布　产于云南、广西、贵州等省份。生于山谷林缘。

用途　园林上可作小型造景；根、茎消炎止痛，用于肝炎、消化不良及跌打损伤。

白皮乌口树 *Tarenna depauperata* Hutch.

科名 茜草科 Rubiaceae　　属名 乌口树属 *Tarenna*

形态特征　灌木或小乔木。叶椭圆状倒卵形或卵形，长 4~15 厘米，宽 2~6.5 厘米，顶端短渐尖，基部楔形。伞房状聚伞花序；花冠白色，裂片 5，长圆形，比冠管稍长；花药伸出。浆果球形，直径 6~8 毫米。花期 4~11 月，果期 4 月至翌年 1 月。

分布　产于云南、江苏、湖南、广东、广西、贵州。生于山地、丘陵或溪边的林中或灌丛中。

用途　种子含油，可供制肥皂和润滑油。

岭罗麦 *Tarennoidea wallichii* (Hook. f.) Tirveng. et C. Sastre

科名 茜草科 Rubiaceae　　属名 岭罗麦属 *Tarennoidea*

形态特征　无刺乔木。叶革质，对生，长圆形、倒披针状长圆形或椭圆状披针形，长 7~30 厘米，宽 2.2~9 厘米，顶端阔短尖或渐尖，尖端常钝，基部楔形；托叶披针形，无毛，脱落。聚伞花序排成圆锥花序状；花冠黄色或白色；雄蕊 5。浆果球形，直径 7~18 毫米，无毛。花期 3~6 月，果期 7 月至翌年 2 月。

分布　产于云南、广东。生于海拔 400~2200 米处的丘陵、山坡、山谷溪边的林中或灌丛中。

用途　木材坚韧而重，适用作造船、水工、桥梁、建筑等的材料，亦多用作家具和板料。

铜锤玉带草 *Lobelia nummularia* Lam.

科名　桔梗科 Campanulaceae　　属名　半边莲属 *Lobelia*

形态特征　多年生草本，有白色乳汁。叶互生，叶片圆卵形、心形或卵形，长 0.8~1.6 厘米，宽 0.6~1.8 厘米，先端钝圆或急尖，基部斜心形，边缘有牙齿，叶脉掌状至掌状羽脉。花单生叶腋；花冠紫红色、淡紫色、绿色或黄白色，花冠筒外面无毛，檐部 2 唇形，裂片 5，上唇 2 裂片条状披针形，下唇裂片披针形。果为浆果，紫红色，椭圆状球形。种子近圆球状，稍压扁。在热带地区整年可开花结果。

分布　产于西南、华南、华东及湖南、湖北、台湾和西藏。

用途　全草供药用，治风湿、跌打损伤等。

刺苞果 *Acanthospermum hispidum* Candolle

科名　菊科 Asteraceae　　属名　刺苞果属 *Acanthospermum*

形态特征　一年生草本。叶长或宽椭圆形或近菱形，长 2~4 厘米，宽 1~1.5 厘米，顶端宽尖或钝，中部以上有锯齿，基部楔形，略抱茎。头状花序小，总苞钟形；总苞片 2 层，外层 5 个；内层倒卵状长圆形，基部紧密包裹雌花，顶端具 2 直刺，花后增厚包围瘦果；花冠舌状，舌片小，淡黄色，兜状椭圆形。成熟的瘦果倒卵状长三角形，顶端截形，有两个不等长的开展的硬刺，周围有钩状的刺。花期 6~7 月，果期 8~9 月。

分布　原产南美洲。在我国云南分布甚广（自潞西、景东、勐海、普洱、元江至漾濞、普棚）。生于平坡及河边沟旁，海拔 350~1900 米。

用途　不详。

金钮扣 *Acmella paniculata* (Wallich ex Candolle) R. K. Jansen

科名 菊科 Asteraceae　　属名 金钮扣属 *Acmella*

形态特征　一年生草本。叶卵形，宽卵圆形或椭圆形，长 3~5 厘米，宽 0.6~2 厘米，顶端短尖或稍钝，基部宽楔形至圆形，全缘，波状或具波状钝锯齿。头状花序单生，或圆锥状排列，有或无舌状花；花黄色，雌花舌状；两性花花冠管状。瘦果长扁圆形。花果期 4~11 月。

分布　产于云南、海南、广西（防城）及台湾。生于田边、沟边、溪旁潮湿地、荒地、路旁及林缘，海拔 800~1900 米。

用途　全草供药用，有解毒、消炎、消肿、祛风除湿、止痛、止咳定喘等功效，可治感冒、肺结核、百日咳、哮喘、毒蛇咬伤、疮痈肿毒、跌打损伤及风湿关节炎等症，但有小毒，用时应注意。

藿香蓟 *Ageratum conyzoides* L.

科名 菊科 Asteraceae　　属名 藿香蓟属 *Ageratum*

形态特征　一年生草本。叶对生或互生。中部茎叶最大，卵形、椭圆形、长圆形，长 3~8 厘米，宽 2~5 厘米，顶端急尖，基部钝或宽楔形，基出脉 3 条或不明显 5 条，边缘圆锯齿。头状花序排成伞房状。花冠长 1.5~2.5 毫米，檐部 5 裂，淡紫色。瘦果黑褐色，5 棱，具细柔毛。花果期全年。

分布　原产中南美洲。田间杂草。

用途　可药用，治感冒发热、疔疮湿疹、外伤出血、烧烫伤等。

白花鬼针草 *Bidens pilosa* L.

科名 菊科 Asteraceae　　属名 鬼针草属 *Bidens*

形态特征　一年生草本。茎下部叶较小，3 裂或不分裂。头状花序，总苞片 7~8 枚。瘦果黑色，条形，略扁，具棱。

分布　产于华东、华中、华南、西南各省份。生于村旁、路边及荒地中。

用途　我国民间常用草药，有清热解毒、散瘀活血的功效，主治上呼吸道感染、咽喉肿痛。

艾纳香 *Blumea balsamifera* (L.) DC.

科名 菊科 Asteraceae　　属名 艾纳香属 *Blumea*

形态特征　多年生草本或亚灌木。下部叶宽椭圆形或长圆状披针形，长 22~25 厘米，宽 8~10 厘米，顶端短尖或钝，基部渐狭，叶柄两侧有线形附属物；上部叶长圆状披针形或卵状披针形，长 7~12 厘米，宽 1.5~3.5 厘米，顶端渐尖，基部略尖，全缘，具细锯齿或羽状齿裂。头状花序排成大圆锥花序；花黄色，雌花花冠细管状；两性花与雌花几等长，花冠管状，檐部 5 齿裂。瘦果圆柱形，具 5 条棱，密被柔毛。花期几乎全年。

分布　产于云南、贵州、广西、广东、福建和台湾。生于林缘、林下、河床谷地或草地上。

用途　全草可入药用，有发汗祛痰的功效；是提取冰片的原料之一。

六耳铃 *Blumea sinuata* (Loureiro) merrill

科名 菊科 Asteraceae　　属名 艾纳香属 *Blumea*

形态特征　粗壮草本。茎直立，有条棱。基生叶花期生存，倒卵状长圆形，下半部琴状分裂，边缘具不规则锯齿，上部叶不分裂。头状花序多数，总苞 5~6 层，带紫红色。花黄色。瘦果圆柱状。花期 10 月至翌年 5 月。

分布　云南、广东、广西、贵州、福建等省。

用途　祛风除湿、通经活络，用于跌打损伤。

飞机草 *Chromolaena odorata* (L.) R. M. King & H. Robinson

科名 菊科 Asteraceae　　属名 飞机草属 *Chromolaena*

形态特征　多年生直立草本。叶对生，卵形、三角形或卵状三角形，长 4~10 厘米，宽 1.5~5 厘米，顶端急尖，基部平截或浅心形或宽楔形，基出 3 脉。头状花序排成伞房状或复伞房状花序。花白色或粉红色。瘦果黑褐色，长 4 毫米，5 棱。花果期 4~12 月。

分布　原产美洲。田间杂草。

用途　为破坏性杂草，根可入药。

杯菊 *Cyathocline purpurea* (Buch.-Ham. ex De Don) O. Kuntze.

科名 菊科 Asteraceae　　属名 杯菊属 *Cyathocline*

形态特征　一年生草本。全部茎枝红紫色或带红色，被黏质长柔毛。中部茎叶长 2.5~12 厘米，卵形、倒卵形或长倒卵形，二回羽状分裂，一回全裂，二回半裂。头状花序小。总苞片半球形，2 层，近等长。头状花序外围有多层结实的雌花，花冠线形，红紫色，顶端 2 齿裂。瘦果长圆形，无冠毛。花果期近全年。

分布　产于云南、四川、贵州和广西。生于山坡林下、草地或村舍路旁。

用途　全草可消炎止血。

鱼眼草 *Dichrocephala integrifolia* (L. f.) Kuntze

科名 菊科 Asteraceae　　属名 鱼眼草属 *Dichrocephala*

形态特征　一年生草本。叶卵形、椭圆形或披针形。自中部向上或向下的叶渐小同形；基部叶通常不裂，常卵形。全部叶边缘重粗锯齿或缺刻状，少有规则圆锯齿的。头状花序小，球形。总苞片 1~2 层。外围雌花多层，紫色，花冠极细，线形。瘦果压扁，倒披针形，边缘脉状加厚，无冠毛。花果期全年。

分布　产于云南、四川、贵州、陕西南部、湖北、湖南、广东、广西、浙江、福建与台湾。生于山坡、山谷阴处或阳处，或山坡林下，或平川耕地、荒地或水沟边。

用途　药用可消炎止泻，治小儿消化不良。

香丝草 *Erigeron bonariensis* L.

科名 菊科 Asteraceae　　属名 飞蓬属 *Erigeron*

形态特征　一年生或二年生直立草本。下部叶倒披针形或长圆状披针形，长 3~5 厘米，宽 0.3~1 厘米，顶端尖或稍钝，基部渐狭成长柄，具粗齿或羽状浅裂，中部和上部叶具短柄或无柄，中部叶具齿，上部叶全缘。头状花序排成总状或圆锥花序；雌花白色，花冠管状；两性花淡黄色，花冠管状，上端具 5 齿裂。瘦果披针形。花期 5~10 月。

分布　产于我国中部、东部、南部至西南部各省份。田间杂草。

用途　全草入药，治感冒、疟疾、急性关节炎及外伤出血。

小蓬草 *Erigeron canadensis* L.

科名 菊科 Asteraceae　　属名 飞蓬属 *Erigeron*

形态特征　一年生草本。茎直立，圆柱状，多少具棱。叶密集，基部叶花期枯萎，下部叶倒披针形，中部叶线状披针形。头状花序多数，排列成圆锥花序。总苞 2~3 层，雌花多数，舌状，白色，两性花淡黄色。瘦果线状披针形，花期 5–9 月。

分布　南北各省。

用途　嫩茎、叶可作饲料。

牛膝菊 *Galinsoga parviflora* Cav.

科名　菊科 Asteraceae　　属名　牛膝菊属 *Galinsoga*

形态特征　一年生草本。叶对生，卵形或长椭圆状卵形，基部圆形、宽或狭楔形，顶端渐尖或钝，基出 3 脉或不明显 5 出脉；向上及花序下部的叶渐小，通常披针形。头状花序半球形；总苞片 1~2 层。舌状花 4~5 个，舌片白色；管状花花冠长约 1 毫米，黄色。瘦果长 1~1.5 毫米，3 棱或中央的瘦果 4~5 棱，黑色或黑褐色，常压扁，被白色微毛。花果期 7~10 月。

分布　原产南美洲，在我国归化。产于云南、四川、贵州、西藏等省份。生于林下、河谷地、荒野、河边、田间、溪边或市郊路旁。

用途　全草药用，有止血、消炎的功效。

臭灵丹 *Laggera crispata* (Vahl) Hepper & J. R. I. Wood

科名　菊科 Asteraceae　　属名　六棱菊属 *Laggera*

形态特征　直立草本。茎翅连续或间断，有不整齐的齿。中部叶倒卵形或倒卵状椭圆形，长 7~15 厘米，宽 2~7 厘米，顶端短尖或钝，基部渐狭沿茎下延成茎翅；上部叶小，倒卵形或长圆形。头状花序排成总状或伞房状圆锥花序。雌花多数，花冠丝状，顶端有 4~5 小齿。两性花与雌花等长，花冠管状，檐部 5 裂，裂片卵状或卵状渐尖，背面有乳头状凸起。瘦果近纺锤形，有 10 棱。花期 4~10 月。

分布　产于云南、四川、湖北、贵州及广西。

用途　入药，可治咳嗽。

白菊木 *Leucomeris decora* Kurz

科名 菊科 Asteraceae　属名 白菊木属 *Leucomeris*

形态特征　落叶小乔木。叶片纸质，椭圆形或长圆状披针形，长 8~18 厘米，宽 3~6 厘米，顶端短渐尖或钝，基部阔楔形，上面光滑，下面被茸毛。花期头状花序直径近 1 厘米；总苞倒锥形，6~7 层，外层卵形，被绵毛。花先叶开放，白色，全部两性；花冠管状，5 深裂。瘦果圆柱形。冠毛淡红色，不等长。花期 3~4 月。

分布　产于云南南部至西部。生于山地林中，海拔 1100~1900 米。

用途　树皮可入药，治咳嗽及刀枪伤。

银胶菊 *Parthenium hysterophorus* L.

科名 菊科 Asteraceae　属名 银胶菊属 *Parthenium*

形态特征　一年生直立草本。下部和中部叶二回羽状深裂，连叶柄长 10~19 厘米，宽 6~11 厘米，羽片 3~4 对；上部叶羽裂，裂片线状长圆形，全缘或具齿，中裂片常长于侧裂片 3 倍。头状花序排成伞房花序。舌状花白色，舌片卵形或卵圆形，顶端 2 裂。管状花檐部 4 浅裂，裂片具乳头状凸起。雌花瘦果倒卵形。花期 4~10 月。

分布　产于云南、广东、广西、贵州。田间常见杂草。

用途　含有的银胶素对人身体不利，可替代橡胶树胶乳。

翼茎草 *Pterocaulon redolens* (Willd.) F.-Vill.

科名 菊科 Asteraceae　　属名 翼茎草属 *Pterocaulon*

形态特征　直立草本。茎、枝有翅。中部叶倒卵形或倒卵状长圆形，长 4~6 厘米，宽 1.5~2 厘米，顶端钝，基部渐狭，沿茎下延成茎翅，边缘有细密尖齿，两面被绵毛；上部叶或花序下方的叶较小，狭长圆形或倒卵状长圆形。头状花序排成穗状花序，长 2~9 厘米。雌花多层，顶端 3 齿裂或截形。两性花，筒状，檐部 5 齿裂。瘦果倒卵状圆柱形，有细纵棱。冠毛白色，基部连合成环。花期 12 月至翌年 4 月。

分布　产于云南、海南。生于低海拔、旷野荒地或沙地上，耐旱。

用途　固沙。

苣荬菜 *Sonchus arvensis* L.

科名 菊科 Asteraceae　　属名 苦苣菜属 *Sonchus*

形态特征　多年生直立草本。基生叶与中下部茎叶倒披针形或长椭圆形，羽状深裂、半裂或浅裂，长 6~24 厘米，高 1.5~6 厘米，侧裂片 2~5 对，裂片形状变化大，边缘有小锯齿或小尖头；上部茎叶披针形或钻形。头状花序排成伞房状花序。舌状小花多数，黄色。瘦果稍压扁，长椭圆形，每面有 5 条细肋。冠毛白色，基部连合成环。花果期 1~9 月。

分布　产于云南、陕西、宁夏、新疆、福建、湖北、湖南、广西、四川、贵州、西藏等地。生于山坡荒地、林下、林缘或田边。

用途　全草可入药，有清热解毒、凉血止血的功效。

钻叶紫菀 *Symphyotrichum subulatum* (Michx.) G. L. Nesom

科名 菊科 Asteraceae　　属名 联毛紫菀属 *Symphyotrichum*

形态特征　一年生草本。基生叶在花期凋落；茎生叶多数，叶片披针状线形，先端锐尖或急尖，基部渐狭，边缘通常全缘，上部叶渐小，近线形，全部叶无柄。多数为头状花序；总苞片 3~4 层；雌花花冠舌状，舌片淡红色；两性花花冠管状。瘦果线状长圆形，稍扁，具边肋。花果期 6~10 月。

分布　产于云南、江西、江苏、浙江、湖南、湖北、四川、贵州。生于海拔 1100~1900 米的山坡灌丛、路旁或荒地。

用途　可入药，清热。

肿柄菊 *Tithonia diversifolia* A. Gray.

科名 菊科 Asteraceae　　属名 肿柄菊属 *Tithonia*

形态特征　一年生直立草本。叶卵形、卵状三角形或近圆形，长 7~20 厘米，3~5 深裂，裂片卵形或披针形，边缘有细锯齿，基出 3 脉，有长叶柄。头状花序，宽 5~15 厘米；舌状花 1 层，黄色，舌片长卵形，顶端有不明显的 3 齿；管状花黄色。瘦果长椭圆形。花果期 9~11 月。

分布　原产墨西哥。我国南部各省份均有逸生。

用途　叶药用，清热解毒、消肿。

羽芒菊 *Tridax procumbens* L.

科名 菊科 Asteraceae　**属名** 羽芒菊属 *Tridax*

形态特征　多年生铺地草本。茎纤细，略呈四方形，中部叶片卵状披针形，边缘有不规则的粗齿和细齿，近基部常浅裂，上部叶卵状披针形。头状花序单生于茎、枝顶端，总苞钟形，总苞片 2~3 层，雌花 1 层，舌状，舌片长圆形，两性花多数，花冠管状。瘦果陀螺形、倒圆锥形或稀圆柱状，干时黑色，密被疏毛，冠毛上部污白色，下部黄褐色。花期 11 月至翌年 3 月。

分布　产于云南及我国台湾至东南部沿海各省份及其南部一些岛屿。生于低海拔旷野、荒地、坡地以及路旁阳处。

用途　可喂牛羊。

夜香牛 *Vernonia cinerea* (L.) Less.

科名 菊科 Asteraceae　**属名** 铁鸠菊属 *Vernonia*

形态特征　一年生或多年生直立草本。下部和中部叶菱状卵形、菱状长圆形或卵形，长 3~6.5 厘米，宽 1.5~3 厘米，顶端尖或钝，基部楔状狭成具翅的柄，边缘具疏锯齿；上部叶渐尖，狭长圆状披针形或线形。头状花序排成伞房状圆锥花序；花淡红紫色，花冠管状。瘦果圆柱形，顶端截形。花期全年。

分布　产于云南、浙江、江西、福建、台湾、湖北、湖南、广东、广西和四川等省份。生于山坡旷野、荒地、田边、路旁。

用途　全草入药，疏风散热、拔毒消肿、安神镇静、消积化滞。

苍耳 *Xanthium strumarium* L.

科名 菊科 Asteraceae　　属名 苍耳属 *Xanthium*

形态特征　一年生草本。茎较矮小，通常自基部起有分枝；成熟的具瘦果的总苞较小，基部缩小，上端常具1个较长的喙，另外有1个较短的侧生的喙，两喙彼此分离或连合，有时侧生的短喙退化成刺状或不存在，总苞外面有极疏的刺或几无刺。

分布　产于云南、吉林、内蒙古、河北、山西、陕西、四川、新疆及西藏等省份。生于空旷干旱山坡、旱田边盐碱地、干涸河床及路旁。

用途　种子可榨油；可作油墨，肥皂的原料。果实供药用。

鳢肠 *Eclipta prostrata* (L.) L.

科名 菊科 Asteraceae　　属名 鳢肠属 *Eclipta*

形态特征　一年生草本。叶长圆状披针形，有极短的柄，长3~10厘米，宽0.5~2.5厘米，顶端尖或渐尖。头状花序；总苞球状钟形；外围的雌花2层，舌状，中央的两性花多数，花冠管状，白色。瘦果暗褐色，雌花的瘦果三棱形，两性花的瘦果扁四棱形。花期6~9月。

分布　产于全国各省份。生于河边、田边或路旁。

用途　全草入药，有凉血、止血、消肿、强壮的功效。

美丽獐牙菜 *Swertia angustifolia* var. *pulchella* (D. Don) Burk.

科名 龙胆科 Gentianaceae 属名 獐牙菜属 *Swertia*

形态特征　一年生草本。茎直立，四棱形。叶无柄，叶片披针形或披针状椭圆形，长2~6厘米，宽0.3~1.2厘米。圆锥状复聚伞花序开展，多花；花数4，直径8~9毫米；花萼绿色，短于花冠；花冠白色或淡黄绿色，裂片卵形或椭圆形，中上部具紫色斑点，基部具1个腺窝。蒴果宽卵形。种子褐色。花果期8~9月。

分布　产于云南、广西、贵州、湖南、湖北、江西、广东、福建。生于田边、草坡、荒地，海拔150~3300米。

用途　可入药，清热解毒，舒肝健胃。

二叉破布木 *Cordia furcans* Johnst.

科名 紫草科 Boraginaceae　属名 破布木属 *Cordia*

形态特征　乔木。树皮灰色。叶卵圆形，长5~15厘米，宽4~12厘米，先端钝，基部圆，通常全缘，上面被硬毛，下面密生淡黄色短茸毛。聚伞花序多花，顶生及侧生，花2型，数4~5，花冠白色。核果淡红色，椭圆形。花期11月，果实翌年1月成熟。

分布　产于云南、广西及海南岛。生于海拔120~1200米山坡疏林及道旁。

用途　可用作园林观赏及干热河谷造林。

上思厚壳树 *Ehretia tsangii* Johnst.

科名 紫草科 Boraginaceae 属名 厚壳树属 *Ehretia*

形态特征 小乔木。叶椭圆形或长圆状椭圆形，长 5~12 厘米，宽 3~6 厘米，先端骤尖，基部楔形，全缘。聚伞花序；花萼长 1.5~2.5 毫米，裂片卵形，有缘毛；花冠筒状钟形，白色，裂片长圆形，反卷。核果黄色，直径约 5 毫米。花期 3 月，果期 4 月。

分布 产于云南、贵州、广西。生于山地山谷林中。

用途 叶可用于毒蛇咬伤，食物中毒。

毛束草 *Trichodesma calycosum* Coll. et Hemsl.

科名 紫草科 Boraginaceae 属名 毛束草属 *Trichodesma*

形态特征 半灌木。叶对生，椭圆形或宽椭圆形，长 10~28 厘米，宽 4~8 厘米，两面均有短糙伏毛而背面通常较密，全缘。圆锥状聚伞花序顶生；苞片卵状披针形至披针形，长 2~4 厘米，宽 5~15 毫米。花冠白色或带粉红色，喉部有 10 个疣状附属物，雄蕊 5。小坚果宽卵形。种子扁平，圆形。花期 1~3 月。

分布 产于云南南部、贵州西南部。生于海拔 500~2200 米山坡草地、灌丛、林下等处。

用途 不详。

洋金花 *Datura metel* L.

科名 茄科 Solanaceae　　属名 曼陀罗属 *Datura*

形态特征　一年生直立草本呈半灌木状。叶卵形，边缘有不规则短齿或浅裂。花单生于枝叉间或叶腋。花冠长漏斗状，白色、黄色、浅紫色。蒴果近球状，疏生短粗刺。花果期全年。

分布　云南、贵州、广东、广西、福建、台湾。

用途　麻醉剂，全株有毒。

灯笼果 *Physalis peruviana* L.

科名 茄科 Solanaceae　　属名 灯笼果属 *Physalis*

形态特征　多年生草本。茎直立，密生短柔毛。叶较厚，阔卵形，长 6~15 厘米，宽 4~10 厘米，顶端短渐尖，基部对称心脏形，有少数不明显的尖牙齿。花单独腋生；花冠阔钟状，长 1.2~1.5 厘米，直径 1.5~2 厘米，黄色而喉部有紫色斑纹，5 浅裂。浆果成熟时黄色。种子黄色。夏季开花结果。

分布　原产南美洲。我国云南、广东有栽培。生于路旁或河谷。

用途　果实成熟后酸甜味，可生食或作果酱。

喀西茄 *Solanum aculeatissimum* Jacquin

科名 茄科 Solanaceae 属名 茄属 *Solanum*

形态特征 直立灌木。茎、枝、叶及花柄混生硬毛、腺毛及刺。叶阔卵形，长6~12厘米，宽6~12厘米，先端渐尖，基部戟形，5~7深裂。蝎尾状总状花序；花萼钟状，5裂，裂片长圆状披针形，外面具直刺及纤毛；花冠筒淡黄色，冠檐白色，5裂，裂片披针形，开放时先端反折。浆果球形，直径2~2.5厘米，初时绿白色，熟时淡黄色。花期春夏，果熟期冬季。

分布 产于云南、广西。生于沟边、路旁灌丛及疏林中。

用途 果实是合成激素的原料。

少花龙葵 *Solanum americanum* Miller

科名 茄科 Solanaceae 属名 茄属 *Solanum*

形态特征 草本。叶卵形至卵状长圆形，长4~8厘米，宽2~4厘米，先端渐尖，基部楔形下延至叶柄成翅，叶缘全缘、波状或有粗齿。伞形花序；花萼绿色，5裂达中部，裂片卵形，具缘毛；花冠白色，冠檐5裂，裂片卵状披针形。浆果球形，直径约5毫米，幼时绿色，熟后黑色。花果期几全年。

分布 产于云南、江西、湖南、广西、广东、台湾等地。生于密林阴湿处或林边荒地。

用途 叶可供蔬食及药用，有清凉散热的功效。

假烟叶树 *Solanum erianthum* D. Don

科名 茄科 Solanaceae　　属名 茄属 *Solanum*

形态特征　小乔木。小枝密被茸毛。叶卵状长圆形，长10~29厘米，宽4~12厘米，先端短渐尖，基部阔楔形或钝。聚伞花序；花白色，萼钟形，直径约1厘米；花冠筒隐于萼内，冠檐深5裂。浆果球状，具宿存萼，直径约1.2厘米。花果期几全年。

分布　产于四川、贵州、云南、广西、广东、福建和台湾等省份。生于荒山荒地灌丛中。

用途　根皮入药，消炎解毒、祛风散表。

水茄 *Solanum torvum* Swartz

科名 茄科 Solanaceae　　属名 茄属 *Solanum*

形态特征　灌木。小枝疏具皮刺。叶单生或双生，卵形至椭圆形，长6~19厘米，宽4~13厘米，先端尖，基部心脏形或楔形，边缘5~7半裂。叶柄具1~2枚皮刺或不具。二至三歧伞房花序；花白色；萼杯状，5裂，裂片卵状长圆形；花冠辐形，冠檐5裂，裂片卵状披针形，外面被星状毛。浆果黄色，光滑无毛，圆球形，直径1~1.5厘米，宿萼外面被星状毛。花果期几全年。

分布　产于云南、广西、广东、台湾等省份。

用途　嫩果煮熟可食用。

刺天茄 *Solanum violaceum* Ortega

科名 *茄科* Solanaceae　　属名 *茄属 Solanum*

形态特征　灌木。小枝密被星状茸毛及淡黄色钩刺。叶卵形，长 5~11 厘米，宽 3~9 厘米，先端钝，基部心形、截形，边缘 5~7 深裂或浅裂；中脉及侧脉具钻形皮刺；叶柄密被星状毛及具钻形皮刺。蝎尾状花序；花蓝紫色或白色，直径约 2 厘米；花萼杯状，先端 5 裂，裂片卵形，外面密被星状茸毛及细直刺；花冠辐状，冠檐先端深 5 裂，裂片卵形。浆果球形，熟时橙红色，直径约 1 厘米，宿存萼反卷。全年开花结果。

分布　产于云南、四川、贵州、广西、广东、福建、台湾。

用途　果皮中含龙葵碱。

黄果茄 *Solanum virginianum* L.

科名 *茄科* Solanaceae　　属名 *茄属 Solanum*

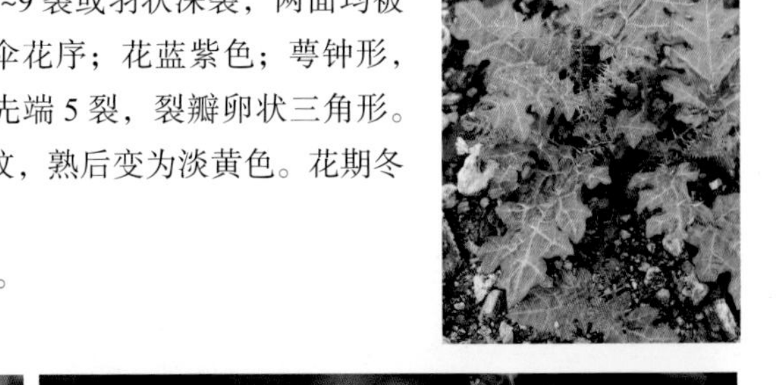

形态特征　直立或匍匐草本。叶卵状长圆形，长 4~6 厘米，宽 3~4.5 厘米，先端钝或尖，基部近心形或不相等，边缘 5~9 裂或羽状深裂，两面均被星状短茸毛，中脉及侧脉具尖锐针状皮刺。聚伞花序；花蓝紫色；萼钟形，外面被星状茸毛及针状皮刺；花冠辐状，冠檐先端 5 裂，裂瓣卵状三角形。浆果球形，直径 1.3~1.9 厘米，初时具深绿色条纹，熟后变为淡黄色。花期冬到夏季，果熟期夏季。

分布　产于云南、湖北、四川、海南及台湾。

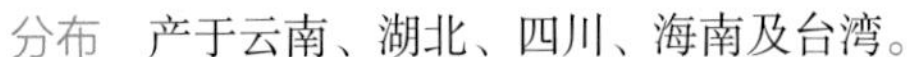

用途　果实是合成激素的原料。

菟丝子 *Cuscuta chinensis* Lam.

科名 菟丝子科 Cuscutaceae　　属名 菟丝子属 *Cuscuta*

形态特征　一年生寄生草本。茎缠绕，黄色，纤细，无叶。花序侧生，小团伞花序；苞片及小苞片小，鳞片状；花冠白色，壶形。蒴果球形。花期全年。

分布　产于云南、黑龙江、吉林、辽宁、河北、山西、陕西、宁夏、甘肃、内蒙古、新疆、山东、江苏、安徽、河南、浙江、福建、四川等省份。生于海拔200~3000米的田边、山坡阳处、路边灌丛或海边沙丘，通常寄生于其他植物上。

用途　本种为大豆产区的有害杂草，并对胡麻、苎麻、花生、马铃薯等农作物产生危害；种子可入药用，有补肝肾、止泻的功效。

心萼薯 *Aniseia martinicensis* (Jacq.) Choisy

科名 旋花科 Convolvulaceae　　属名 心萼薯属 *Aniseia*

形态特征　缠绕草本。叶心形或心状三角形，长4~9.5厘米，宽3~7厘米，顶端渐尖，基部心形，全缘或不明显3裂。萼片5，外萼片三角状披针形，内萼片线状披针形；花冠白色，狭钟状，冠檐浅裂。蒴果近球形，直径约9毫米。

分布　产于云南、台湾、福建、江西、湖南、广东、广西、贵州等省份。生于海拔150~1800米的山坡、山谷或林下。

用途　茎、叶可入药用，治小儿疳积。

灰毛白鹤藤 *Argyreia osyrensis* var. *cinerea* Hand.-Mazz.

科名 旋花科 Convolvulaceae 属名 银背藤属 *Argyreia*

形态特征 攀缘灌木。茎圆柱形，密被白色或带灰色或淡褐色茸毛。叶卵形，或宽卵形至近圆形，长 4~12 厘米，宽 4~10 厘米，先端近锐尖，或钝，基部心形，叶面疏被长柔毛，背面密被灰白色茸毛至短绵毛。花聚集成头状花序；花冠管状钟形，粉红色；雄蕊及花柱伸出。果球形，红色。种子 2 或 1，近于无毛。

分布 产于云南南部、广西西南部。生于疏林或灌丛中。

用途 根、叶可用于偏头痛、外伤出血。

苞叶藤 *Blinkworthia convolvuloides* Prain

科名 旋花科 Convolvulaceae 属名 苞叶藤属 *Blinkworthia*

形态特征 攀缘小灌木，木质，先端缠绕。叶椭圆形至长椭圆形，长 3~4 厘米，宽 1~1.5 厘米，先端钝圆及具小短尖，基部近圆形。花序梗腋生单生，花冠钟形，白色，中部以上具 5 条明显的瓣中带，花盘环状，包围子房。浆果卵圆形，为宿存萼片包围。种子 1，卵形，无毛。

分布 产于云南南部及广西西南部。生于海拔 360~600（2500）米的稀树灌丛草地中。

用途 根可治小儿腹胀。

银丝草 *Evolvulus alsinoides* var. *decumbens* (R. Brown) van Ooststroom

科名 旋花科 Convolvulaceae　　属名 土丁桂属 *Evolvulus*

形态特征　多年生草本。叶长圆形，花单1或数朵组成聚伞花序，花冠辐状，蓝色或白色，雄蕊5，内藏。蒴果球形，4瓣裂。种子黑色，平滑。花期5~9月。

分布　我国长江以南各省份及台湾省有分布。生于海拔300~1800米的草坡、灌丛及路边。

用途　全草药用，有散瘀止痛、清湿热的功效。

小心叶薯 *Ipomoea obscura* (L.) Ker Gawl.

科名 旋花科 Convolvulaceae　　属名 虎掌藤属 *Ipomoea*

形态特征　缠绕草本。叶心状圆形或心状卵形，长2~8厘米，宽1.6~8厘米，顶端骤尖，基部心形，全缘，具缘毛。聚伞花序；萼片椭圆状卵形，果熟时反折；花冠漏斗状，白色或淡黄色，具5条深色瓣中带，花冠管基部深紫色；雄蕊及花柱内藏。蒴果圆锥状卵形或近于球形，顶端有锥尖状的花柱基。种子密被灰褐色短茸毛。

分布　产于云南、台湾、广东、海南。

用途　花可供观赏。

虎掌藤 *Ipomoea pes-tigridis* L.

科名 旋花科 Convolvulaceae　　属名 虎掌藤属 *Ipomoea*

形态特征　一年生缠绕草本或有时平卧。茎具细棱，被开展的灰白色硬毛。叶片轮廓近圆形或横向椭圆形，长 2~10 厘米，宽 3~13 厘米，掌状 5~7 深裂，裂片椭圆形或长椭圆形，顶端钝圆。聚伞花序有数朵花，密集成头状，腋生，花冠白色，漏斗状。蒴果卵球形。种子 4，椭圆形。

分布　产于云南南部、台湾、广东、广西南部。生于海拔 100~400 米的河谷灌丛、路旁或海边沙地。

用途　有通便的功效。

三裂叶薯 *Ipomoea triloba* L.

科名 旋花科 Convolvulaceae　　属名 虎掌藤属 *Ipomoea*

形态特征　草本。叶宽卵形至圆形，长 2.5~7 厘米，宽 2~6 厘米，全缘或有粗齿或深 3 裂，基部心形。花序腋生，花冠漏斗状，长约 1.5 厘米，无毛，淡红色或淡紫红色；雄蕊内藏。蒴果近球形。种子 4 或较少，无毛。

分布　本种原产热带美洲，现已成为热带地区的杂草。产于云南、广东及其沿海岛屿、台湾高雄。生于丘陵路旁、荒草地或田野。

用途　花可供观赏。

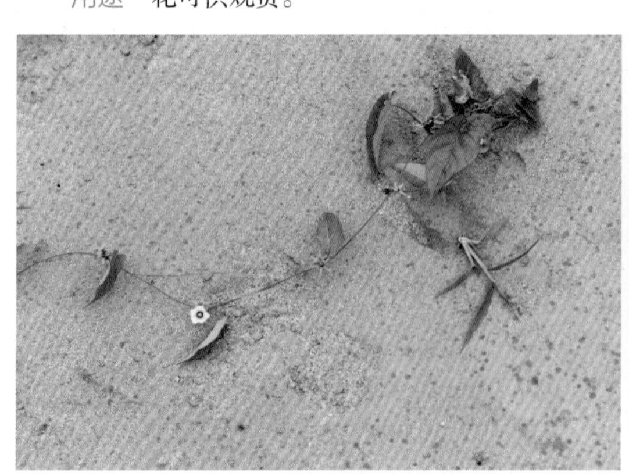

小牵牛 *Jacquemontia paniculata* (N. L. Burman) H. Hallier

科名 旋花科 Convolvulaceae　　属名 小牵牛属 *Jacquemontia*

形态特征　缠绕草本。叶卵形或卵状长圆形，长 3~6 厘米，宽 2~4 厘米，先端渐尖或钝，基部心形或圆形至截形，侧脉近边缘弧形连接。伞状聚伞花序；萼片不等大；花冠漏斗形或钟形，淡紫色、白色、粉红色，5 浅裂。蒴果球形，直径 3~4 毫米。种子背部边缘具膜质翅。

分布　产于云南、广东、广西及台湾等省份。

用途　不详。

篱栏网 *Merremia hederacea* (Burm. F.) Hall. F.

科名 旋花科 Convolvulaceae　　属名 鱼黄草属 *Merremia*

形态特征　缠绕或匍匐草本。叶心状卵形，长 1.5~7.5 厘米，宽 1~5 厘米，顶端钝，渐尖或长渐尖，具小短尖头，基部心形或深凹，全缘或通常具不规则的粗齿或锐裂齿，有时为深或浅 3 裂。聚伞花序腋生；花冠黄色，钟状；雄蕊与花冠近等长。蒴果扁球形，内含种子 4，三棱状球形。

分布　产于云南、台湾、广东、海南、广西、江西。生于海拔 130~760 米的灌丛或路旁草丛。

用途　全草及种子有消炎的作用。

山土瓜 *Merremia hungaiensis* (Lingelsh. et Borza) R. C. Fang

科名 旋花科 Convolvulaceae 属名 鱼黄草属 *Merremia*

形态特征 多年生缠绕草本。茎细长，圆柱形，有细棱，大多旋扭，无毛。叶椭圆形，顶端钝，微凹，渐尖，具小短尖头，基部钝圆边缘微啮蚀状，两面无毛。聚伞花序腋生，花冠黄色，漏斗状。蒴果长圆形，4瓣裂。种子极密被黑褐色茸毛。

分布 产于云南、四川、贵州。生于海拔1200~3200米的草坡、山坡灌丛或松林下。

用途 入药、解毒。

白花叶 *Poranopsis sinensis* (Handel-Mazzetti) Staples

科名 旋花科 Convolvulaceae 属名 白花叶属 *Poranopsis*

形态特征 攀缘灌木。叶宽卵形，长达10厘米，宽6厘米，先端长渐尖，基部心形，全缘，掌状脉5~7。总状花序或圆锥花序；萼片近分离，3个外萼片卵形，2个内萼片为较短的披针形；花冠宽漏斗形，白色，冠檐浅5裂；雄蕊内藏；果时内萼片不变，外萼片增大。蒴果倒卵形，长5毫米。种子球形。

分布 产于云南中部及南部。生于河谷灌丛、干旱山坡石缝中。

用途 可作观赏。

假马齿苋 *Bacopa monnieri* (L.) Wettst.

科名 玄参科 Scrophulariaceae　属名 假马齿苋属 *Bacopa*

形态特征　匍匐草本。叶无柄，矩圆状倒披针形，长8~20毫米，宽3~6毫米，顶端圆钝。花单生叶腋；花冠蓝色、紫色或白色，长8~10毫米，不明显2唇形，上唇2裂；雄蕊4。蒴果长卵状，包在宿存的花萼内，4爿裂。种子椭圆状，一端平截，黄棕色。花期5~10月。

分布　产于我国云南、台湾、福建、广东。生于水边、湿地及沙滩。

用途　药用，有消肿的功效。

钟萼草 *Lindenbergia philippensis* (Cham.) Benth.

科名 玄参科 Scrophulariaceae　属名 钟萼草属 *Lindenbergia*

形态特征　多年生直立草本，全株被腺毛。叶卵形至卵状披针形，长2~8厘米，顶端急尖或渐尖，基部狭楔形，边缘具尖锯齿。穗状总状花序，长6~20厘米；花萼具5条主脉；花冠黄色，上唇顶端近于截形，下唇具明显褶襞。蒴果长卵形，密被棕色梗毛。花果期11月至翌年3月。

分布　产于云南、贵州、广西、广东、湖南、湖北。生于山坡、岩缝及墙缝中。

用途　可作观赏。根、叶入药，用于浮肿、骨髓炎等。

母草 *Lindernia crustacea* (L.) F. Muell

科名 玄参科 Scrophulariaceae　属名 陌上菜属 *Lindernia*

形态特征　草本。叶片三角状卵形或宽卵形，长 10~20 毫米，宽 5~11 毫米，顶端钝或短尖，基部宽楔形或近圆形。花单生或为短总状花序；花萼坛状；花冠紫色，上唇 2 浅裂，下唇 3 裂；雄蕊 4，2 强。蒴果椭圆形，与宿萼近等长。花果期全年。

分布　产于云南、浙江、江苏、安徽、江西、福建、台湾、海南、广西、西藏、四川、贵州、湖南、湖北、河南等省份。生于田边、草地、路边等低湿处。

用途　全草可药用，清热解毒、健脾止泻、利尿消肿。

旱田草 *Lindernia ruellioides* (Colsm.) Pennell

科名 玄参科 Scrophulariaceae　属名 陌上菜属 *Lindernia*

形态特征　一年生草本。叶片矩圆形、椭圆形，长 1~4 厘米，宽 0.6~2 厘米，顶端圆钝或急尖，基部宽楔形，边缘除基部外密生细锯齿；叶柄前端渐宽而连于叶片。总状花序；萼在果期长达 10 毫米，基部联合；花冠紫红色，上唇直立，2 裂，下唇开展，3 裂；前方 2 枚雄蕊不育，后方 2 枚能育。蒴果圆柱形。花期 6~9 月，果期 7~11 月。

分布　产于云南、台湾、福建、江西、湖北、湖南、广东、广西、贵州、四川、西藏。生于草地、草原、山谷及林下。

用途　全草可药用，理气活血、消肿解毒。

通泉草 *Mazus pumilus* (N. L. Burman) Steenis

科名 玄参科 Scrophulariaceae 属名 通泉草属 *Mazus*

形态特征 一年生草本。基生叶成莲座状或早落，倒卵状匙形至卵状倒披针形，长 2~6 厘米，顶端全缘或有不明显的疏齿，基部楔形，边缘具不规则的粗齿或基部有 1~2 片浅羽裂；茎生叶对生或互生。总状花序；花冠白色、紫色或蓝色。蒴果球形。花果期 4~10 月。

分布 遍布全国。生于海拔 2500 米以下的湿润草坡、沟边、路旁及林缘。

用途 可入药，解毒消肿、健胃。

圆茎翅茎草 *Pterygiella cylindrica* Tsoong

科名 玄参科 Scrophulariaceae 属名 翅茎草属 *Pterygiella*

形态特征 一年生草本。茎长圆柱形，无棱角及翅。叶对生，披针状线形至线形，近于草质，长 2.5~3.5 厘米，宽约 4 毫米。总状花序；花冠黄色。蒴果卵圆形。种子极多数，黑褐色。花期 9~11 月，果期 10~11 月。

分布 产于我国云南及四川。生于海拔 1100~2100 米的草坡上。

用途 可入药，清热消炎。

杜氏翅茎草 *Pterygiella duclouxii* Franch.

科名 玄参科 Scrophulariaceae　　属名 翅茎草属 *Pterygiella*

形态特征　一年生草本。茎有4条狭翅。叶全部为茎出，交互对生，叶片线形。总状花序生于茎枝顶端；花对生，常4~6对；花冠黄色，下唇约与上唇等长，顶端3裂。蒴果黑褐色，短卵圆形，被包于宿存的萼内。种子多数，黑色，肾形。花期7~9月，果期9~10月。

分布　广布于云南、广西、贵州及四川。生于海拔1000~2800米的林缘、草坡及路旁。

用途　可入药，清热平肝、消肿止痛。

野甘草 *Scoparia dulcis* L.

科名 玄参科 Scrophulariaceae　　属名 野甘草属 *Scoparia*

形态特征　直立草本或为半灌木状。叶对生或轮生，菱状卵形至披针形，长者达35毫米，宽者达15毫米。花单朵或更多成对生于叶腋，花冠小，白色；雄蕊4，近等长。蒴果卵圆形至球形。

分布　原产美洲热带，现已广布于全球热带。产于云南、广东、广西、福建。生于荒地、路旁，亦偶见于山坡。

用途　入药，可降压及清热解毒、利尿消肿等。

大独脚金 *Striga masuria* (Ham.-ex Benth.) Benth.

科名 玄参科 Scrophulariaceae　属名 独脚金属 *Striga*

形态特征　多年生草本。茎几乎四棱形，叶片条形，茎中部的最长。花单生，花萼具15条棱，裂片几乎与筒部等长，条状椭圆形，花冠粉红色，白色或黄色。蒴果卵圆状。花期夏秋季。

分布　产于云南、四川（西南部）、贵州（南部）、广西、广东、湖南（南岳）、福建、台湾和江苏（南部）。生于山坡草地及杂木林内。

用途　入药、健胃消食。

旋蒴苣苔 *Boea hygrometrica* (Bunge) R. Br.

科名 苦苣苔科 Gesneriaceae　属名 旋蒴苣苔属 *Boea*

形态特征　多年生草本。叶全部基生，莲座状，无柄，近圆形，上面被白色贴伏长柔毛，下面被白色或淡褐色贴伏长茸毛，边缘具齿状。聚伞花序伞状，花萼钟状，5裂至近基部，上唇2枚略小，花冠淡蓝紫色。蒴果长圆形，外面被短柔毛，螺旋状卷曲。种子卵圆形。花期7~8月，果期9月。

分布　产于云南、浙江、福建、江西、广东、广西、湖南、湖北、河南、山东、河北、辽宁、山西、陕西、四川。生于山坡路旁岩石上，海拔200~1320米。

用途　全草药用，治中耳炎、跌打损伤等。

火烧花 *Mayodendron igneum* (Kurz.) Kurz.

科名 紫葳科 Bignoniaceae

属名 火烧花属 *Mayodendron*

形态特征　常绿乔木。树皮光滑，嫩枝具长椭圆形白色皮孔。大型奇数二回羽状复叶，长达60厘米；小叶卵形至卵状披针形，顶端长渐尖，基部阔楔形，偏斜，全缘。花冠橙黄色至金黄色。蒴果长线形，下垂。种子卵圆形，薄膜质，丰富，具白色透明的膜质翅。花期2~5月，果期5~9月。

分布　产于云南南部、台湾、广东、广西。生于干热河谷、低山丛林，海拔150~1900米。

用途　花可作蔬食；优良家具用材；可栽培作庭园观赏树及行道树。

火焰树 *Spathodea campanulata* Beauv.

科名 紫葳科 Bignoniaceae

属名 火焰树属 *Spathodea*

形态特征　乔木。树皮平滑，灰褐色。奇数羽状复叶，对生，13~17枚，叶片椭圆形至倒卵形，长5~9.5厘米，宽3.5~5厘米，顶端渐尖，基部圆形，全缘。伞房状总状花序，顶生，密集。花萼佛焰苞状。花冠一侧膨大，基部紧缩成细筒状，檐部近钟状，直径5~6厘米，长5~10厘米，橘红色，具紫红色斑点。雄蕊4。蒴果黑褐色，长15~25厘米，宽3.5厘米。种子具周翅，近圆形。花期4~5月。

分布　我国云南南部、广东、福建、台湾均有栽培。

用途　花美丽，树形优美，优良风景观赏树种。

假杜鹃 *Barleria cristata* L.

科名 爵床科 Acanthaceae　　属名 假杜鹃属 *Barleria*

形态特征　灌木。叶片椭圆形或卵形，长 3~10 厘米，宽 1.3~4 厘米，先端急尖，基部楔形，全缘；腋生短枝的叶稍小。叶披针形或线形，有时具小尖齿。花冠蓝紫色或白色，2 唇形，花冠管圆筒状，冠檐 5 裂，裂片长圆形；能育雄蕊 4，2 长 2 短。蒴果长圆形，两端急尖。花期 11~12 月。

分布　产于云南、台湾、福建、广东、海南、广西、四川、贵州和西藏。生于海拔 700~1100 米的山坡、路旁或疏林下的阴处。

用途　全草药用，有通筋活络、解毒消肿的功效。

鳞花草 *Lepidagathis incurva* Buch.-Ham. ex D. Don

科名 爵床科 Acanthaceae　　属名 鳞花草属 *Lepidagathis*

形态特征　直立、多分枝草本。小枝四棱。叶纸质，长圆形至披针形，长 4~10 厘米，宽 1~3.5 厘米，顶端渐尖或短渐尖，钝头。穗状花序顶生和近枝顶侧生，卵形；花冠白色，喉部内面密被倒生、白色长柔毛，上唇直立，阔卵形，不明显 2 裂，下唇裂片近圆形。蒴果长圆形。花期早春。

分布　产于云南（盈江、元阳、禄春、勐腊）、广东（阳春、深圳、广州、肇庆、台山、南海）、海南（保亭、白沙、澄迈和安定）、香港、广西（凌云、梧州、南宁）。生于灌丛、草地或河边沙地。

用途　全株入药，治眼病、伤口感染。

蓝花草 *Ruellia simplex* C.Wright

科名 爵床科 Acanthaceae 属名 芦莉草属 *Ruellia*

形态特征 草本植物。茎下部叶有稍长柄，叶片五角形，3 全裂，中央全裂片菱形，在中部 3 裂。总状花序数个组成圆锥花序，小苞片生花梗中部，钻形，花色以蓝紫色为主。蓇葖果长约 1.4 厘米。种子倒卵球形，密生波状横翅。花期 7~8 月。

分布 原产墨西哥。现我国热带地区栽培。

用途 园林观赏。

大叶紫珠 *Callicarpa macrophylla* Vahl

科名 马鞭草科 Verbenaceae 属名 紫珠属 *Callicarpa*

形态特征 灌木。小枝四方形，密生粗糠状茸毛。叶片卵状椭圆形或长椭圆状披针形，长 10~23 厘米，宽 5~11 厘米，顶端短渐尖，基部钝圆或宽楔形，边缘具细锯齿。5~7 次分歧聚伞花序；花萼杯状，被星状毛和腺点；花冠紫色，疏生星状毛。果实球形，直径约 1.5 毫米。花期 4~7 月，果期 7~12 月。

分布 产于云南、广东、广西、贵州。生于疏林和灌丛中。

用途 可作园林观赏；根、叶散瘀止血、消肿止痛。

假连翘 *Duranta erecta* L.

科名 马鞭草科 Verbenaceae　属名 假连翘属 *Duranta*

形态特征　灌木。枝条有皮刺，幼枝有柔毛。叶对生，少有轮生，叶片卵状椭圆形或卵状披针形，长 2~6.5 厘米，宽 1.5~3.5 厘米，纸质，顶端短尖或钝，基部楔形，全缘或中部以上有锯齿。总状花序顶生或腋生，常排成圆锥状；花冠通常蓝紫色，稍不整齐。核果球形，成熟时红黄色。花果期 5~10 月，在南方可为全年。

分布　原产热带美洲。我国南部常见栽培，常逸为野生。

用途　花期长而花美丽，是一种很好的绿篱植物。

过江藤 *Phyla nodiflora* (L.) E. L. Greene

科名 马鞭草科 Verbenaceae　属名 过江藤属 *Phyla*

形态特征　多年生草本。叶近无柄，匙形、倒卵形至倒披针形，长 1~3 厘米，宽 0.5~1.5 厘米，顶端钝，基部狭楔形，中部以上的边缘有锐锯齿。穗状花序腋生；花冠白色、粉红色至紫红色。果淡黄色，内藏于膜质的花萼内。花果期 6~10 月。

分布　产于云南、江苏、江西、湖北、湖南、福建、台湾、广东、四川、贵州及西藏。生于山坡、平地及河滩等的湿润地区。

用途　全草入药，能破瘀生新、通利小便、通淋；治咳嗽、吐血、痢疾、牙痛、疖毒、枕痛、带状疱疹及跌打损伤等症。

千解草 *Premna herbacea* Roxburgh

科名 马鞭草科 Verbenaceae　　属名 豆腐柴属 *Premna*

形态特征　丛生矮小亚灌木。叶片倒卵状长圆形，边缘有不规则的疏钝齿，顶端钝圆，基部楔形，两面均疏生短柔毛和金黄色腺点。伞房状聚伞花序顶生，紧缩成头状，花萼杯状，顶端5浅裂，微呈2唇形，花冠在芽中紫色，开放后变白色。核果圆球形或倒卵形。果期6月。

分布　产于云南和海南，较为少见。

用途　全株可入药，有活血、祛风除湿、散寒止痛、健脾消食的功效，用以治疗跌打损伤、风湿关节炎、消化不良等症。

毛楔翅藤 *Sphenodesme mollis* Craib

科名 马鞭草科 Verbenaceae　　属名 楔翅藤属 *Sphenodesme*

形态特征　攀缘藤本。叶片纸质至近革质，椭圆状长圆形，长4~12厘米，宽3.5~6厘米，顶端锐尖至渐尖，基部楔形。聚伞花序有花7朵；花萼5浅裂；花冠管漏斗状，长约8毫米，外面无毛，喉部内面有柔毛环，5浅裂；雄蕊5，伸出。核果疏生刺毛，包藏在倒圆锥状宿存萼内。果期10~11月。

分布　产于云南（元江、新平、石屏）。生于海拔600~1500米的山地灌丛阳处或水沟边。

用途　园林观赏。

马鞭草 *Verbena officinalis* L.

科名 马鞭草科 Verbenaceae **属名** 马鞭草属 *Verbena*

形态特征 多年生草本。叶片卵圆形至倒卵形，长 2~8 厘米，宽 1~5 厘米，基生叶的边缘通常有粗锯齿和缺刻，茎生叶多数 3 深裂，裂片边缘有不整齐锯齿。穗状花序顶生和腋生；花冠淡紫至蓝色，裂片 5；雄蕊 4。果长圆形，成熟时 4 瓣裂。花期 6~8 月，果期 7~10 月。

分布 产云南、山西、陕西、甘肃、江苏、安徽、浙江、福建、江西、湖北、湖南、广东、广西、四川、贵州、新疆、西藏。生于路边、山坡、溪边或林旁。

用途 全草供药用，性凉，味微苦，有凉血、散瘀、清热、解毒、止痒、驱虫、消胀的功效。

疏序黄荆 *Vitex negundo* f. *laxipaniculata* P'ei

科名 马鞭草科 Verbenaceae **属名** 牡荆属 *Vitex*

形态特征 直立灌木。小叶 3~5 枚。聚伞花序成对组成大型疏散的圆锥花序，花小，淡紫色。核果褐色，近圆形。

分布 产于云南。生于海拔 450~1400 米的河边密林或山坡灌丛中。

用途 茎皮可造纸及制人造棉；花和枝叶可提取芳香油。

中间黄荆 *Vitex negundo* f. *intermedia* P'ei

科名 马鞭草科 Verbenaceae　　属名 牡荆属 *Vitex*

形态特征　直立灌木。小叶3~5枚，长圆状披针形至披针形，先端渐尖，基部楔形，边缘具多数粗齿，中间小叶长3~13厘米，宽0.8~3厘米。聚伞花序成对组成穗状花序；花淡紫色，萼齿5，锐尖，外面被茸毛，花冠长为花萼长的2倍，雄蕊伸出花冠管外。核果褐色，近圆形，具宿萼。

分布　产于我国长江以南各省份。

用途　种子入药，有祛痰止咳、消炎、镇痛的功效。

广防风 *Anisomeles indica* (L.) Kuntze

科名 唇形科 Lamiaceae　　属名 广防风属 *Anisomeles*

形态特征　草本。茎四棱形，具浅槽，密被白色贴生短柔毛。叶阔卵圆形，长4~9厘米，宽2.5~6.5厘米，先端急尖或短渐尖，基部截状阔楔形，边缘有不规则的牙齿，草质。花冠淡紫色，长约1.3厘米。雄蕊伸出，近等长。小坚果黑色，具光泽，近圆球形，直径约1.5毫米。花期8~9月，果期9~11月。

分布　产于云南、广东、广西、贵州、西藏东南部、四川、湖南南部、江西南部、浙江南部、福建及台湾，杂草。生于热带及南亚热带地区的林缘或路旁等荒地上，海拔40~1580（2400）米。

用途　全草入药，为民间常用药草，治风湿骨痛、感冒发热、呕吐腹痛、胃气痛等症。

羽萼木 *Colebrookea oppositifolia* Smith

科名 唇形科 Lamiaceae　**属名** 羽萼木属 *Colebrookea*

形态特征　直立灌木。茎叶对生或 3 叶轮生，长圆状椭圆形，长 10~20 厘米，宽 3~7 厘米，先端长渐尖，基部宽楔形至近圆形，边缘具小圆齿状锯齿。花序最下一对苞叶与茎叶同形。穗状花序组成圆锥状；穗状分枝长 4~7 厘米，由具 10~18 朵花密集小轮伞花序组成，轮伞花序无梗。花白色，雌花及两性花异株。小坚果倒卵形，顶端具柔毛。花期 1~3 月，果期 3~4 月。

分布　产于云南。生于干热地区的稀树灌丛中。

用途　可作园林观赏；叶可消炎止血。

山香 *Hyptis suaveolens* (L.) Poit.

科名 唇形科 Lamiaceae　**属名** 吊球草属 *Hyptis*

形态特征　一年生直立草本，有香气。叶卵形至宽卵形，长 1.4~11 厘米，宽 1.2~9 厘米，先端锐尖至钝形，基部圆形或浅心形。聚伞花序成总状或圆锥花序；花萼具 10 条凸脉；花冠蓝色，冠檐 2 唇形，上唇先端 2 圆裂，裂片外反，下唇 3 裂，中裂片囊状。小坚果长约 4 毫米。花果期全年。

分布　产于云南、广西、广东、福建、台湾。荒野杂草。生于开旷荒地。

用途　入药、治感冒。

紫毛香茶菜 *Isodon enanderianus* (Handel-Mazzetti) H. W. Li

科名 唇形科 Lamiaceae　属名 香茶菜属 *Isodon*

形态特征　灌木。叶对生，卵圆形、宽卵圆形或三角状卵圆形，长 1.5~7 厘米，宽 1~4 厘米，先端锐尖或短渐尖，基部阔楔形。花序穗状，长 5~10 厘米，由具 3~7 朵花的聚伞花序组成；花冠紫色或白色，内面无毛，冠筒基部上方浅囊状，冠檐 2 唇形，下唇约与冠筒等长，卵圆形，内凹，上唇长约为下唇之半，外反，先端具 4 圆裂；雄蕊 4，均内藏。成熟小坚果近扁圆球形。

分布　产于云南中南部及东南部。生于干热地区的山坡、路旁、灌丛或林中，海拔 700~2500 米。

用途　全草药用，平喘养心、镇静安神。

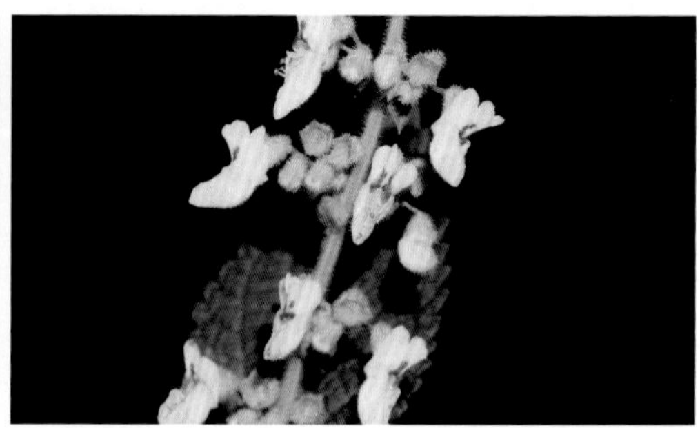

毛萼香茶菜 *Isodon eriocalyx* (Dunn) Kudo

科名 唇形科 Lamiaceae　属名 香茶菜属 *Isodon*

形态特征　多年生草本或灌木。叶对生，卵状椭圆形或卵状披针形，长 2.5~18 厘米，宽 0.8~6.5 厘米，先端渐尖，基部阔楔形或近圆形，边缘具圆齿状锯齿，有时全缘，坚纸质。穗状圆锥花序顶生及腋生，到处密被白色卷曲短柔毛；花冠淡紫或紫色。小坚果卵形，极小，污黄色。花期 7~11 月，果期 11~12 月。

分布　产于云南、四川西部、贵州南部、广西西部。生于山坡阳处，灌丛中，海拔 750~2600 米。

用途　叶治脚气；根止泻止痢。

罗勒 *Ocimum basilicum* L.

科名 唇形科 Lamiaceae　　属名 罗勒属 *Ocimum*

形态特征　一年生直立草本。叶卵圆形至长圆形，长 2.5~5 厘米，宽 1~2.5 厘米，先端微钝或急尖，基部渐狭，边缘具不规则牙齿或全缘。总状花序长 10~20 厘米，由多数具 6 朵花交互对生的轮伞花序组成。花萼萼齿边缘具缘毛。花冠淡紫色，冠檐 2 唇形，上唇 4 裂，下唇全缘。小坚果卵珠形，基部具白色果脐。花期通常 7~9 月，果期 9~12 月。

分布　产于云南、新疆、吉林、河北、浙江、江苏、安徽、江西、湖北、湖南、广东、广西、福建、台湾、贵州及四川。

用途　种子名光明子，主治目翳。

铁轴草 *Teucrium quadrifarium* Buch.-Ham. ex D. Don

科名 唇形科 Lamiaceae　　属名 香科科属 *Teucrium*

形态特征　半灌木。叶片卵圆形或长圆状卵圆形，长 3~7.5 厘米，宽 1.5~4 厘米，茎上部及分枝上叶的变小，先端钝或急尖，有时钝圆，基部近心形、截平或圆形，边缘为有重齿的细锯齿或圆齿。假穗状花序；花冠淡红色；雄蕊稍短于花冠。小坚果倒卵状近圆形。花期 7~9 月。

分布　产于福建、湖南、贵州 3 省份南部、江西西部及南部、广东、广西、云南。生于山地阳坡、林下及灌丛中，海拔 350~2400 米。

用途　民间用全草治劳伤水肿；根治肚胀、泻痢；叶用于止血，治刀枪伤。

地地藕 *Commelina maculata* Edgew.

科名 鸭跖草科 Commelinaceae **属名** 鸭跖草属 *Commelina*

形态特征 多年生草本。叶鞘长约1厘米，口沿具睫毛；叶片披针形，顶端渐尖，长4~10厘米，宽1.5~2.5厘米。总苞片下部合生成漏斗状；聚伞花序，盛开的花伸出佛焰苞之外，果期藏在佛焰苞内；萼片卵圆形；花瓣蓝色，前方2枚下部有爪，后方1枚无爪。蒴果圆球状三棱形，具宿存萼片。花果期6~8月。

分布 产于云南、西藏、四川、贵州。生于林缘、草地、路边及水沟边等湿润处。

用途 药用，清热解毒。

四孔草 *Cyanotis cristata* (L.) D. Don

科名 鸭跖草科 Commelinaceae **属名** 蓝耳草属 *Cyanotis*

形态特征 一年生草本。叶全部茎生，长圆形、披针形或长椭圆形，顶端急尖或钝，长2~8厘米，宽0.8~2厘米，边缘常密生蛛丝状毛。蝎尾状聚伞花序；苞片组成鸡冠状，总苞片佛焰苞状；萼片基部连合；花瓣蓝色或紫色，倒卵状长圆形。蒴果短柱状三棱形，顶端疏生刚毛。种子有4个窝孔。花期7~8月，果期9~10月。

分布 产于云南、广东、海南、广西、贵州。生于林下、山谷溪边或开旷潮湿处。

用途 药用，消肿，用于痈疮肿毒。

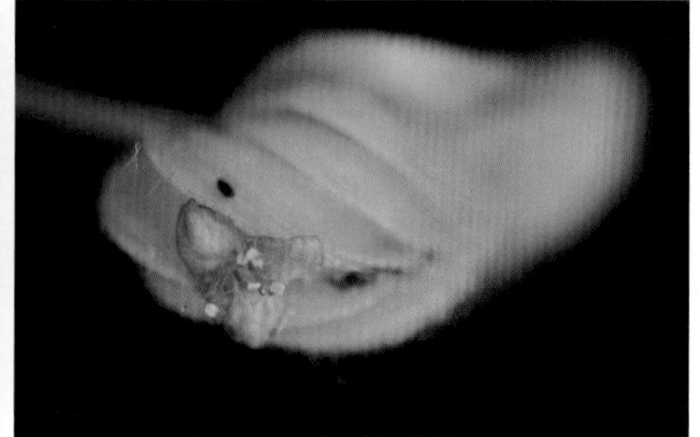

野芭蕉 *Musa wilsonii* Tutch.

科名 芭蕉科 Musaceae 属名 芭蕉属 *Musa*

形态特征 多年生具根茎丛生草本。假茎胸径15~25厘米。叶片长圆形，长1.8~2.5米，宽60~80厘米，基部心形，叶脉于基部弯曲成心形。花序下垂；花被片淡黄色，离生花被片倒卵状长圆形，合生花被片先端3齿裂，中裂片两侧具小裂片。浆果圆柱形，长10~13厘米，直径4.4厘米，成熟时灰深紫色。果内几乎全是种子。

分布 产于我国南岭以南各省份。生于沟谷坡地的湿润常绿林中。

用途 假茎可作饲料。

凤眼蓝 *Eichhornia crassipes* (Mart.) Solme

科名 雨久花科 Pontederiaceae 属名 凤眼莲属 *Eichhornia*

形态特征 浮水草本。须根发达，棕黑色。叶在基部丛生，莲座状排列，一般5~10片；叶片圆形，长4.5~14.5厘米，宽5~14厘米。花被裂片6枚，花瓣状，卵形、长圆形或倒卵形，紫蓝色，花冠两侧略对称，上方1枚裂片较大，三色即四周淡紫红色，中间蓝色，在蓝色的中央有1黄色圆斑；雄蕊6，3长3短。蒴果卵形。花期7~10月，果期8~11月。

分布 原产巴西，亚洲热带地区也已广泛生长。现广布于我国长江、黄河流域及华南各省份。生于海拔200~1500米的水塘、沟渠及稻田中。

用途 全草为家畜、家禽饲料；嫩叶及叶柄可作蔬菜；全株也可供药用，有清凉解毒、除湿祛风热以及外敷热疮等功效。

鸭舌草 *Monochoria vaginalis* (Burm. F.) Presl ex Kunth

科名 雨久花科 Pontederiaceae　属名 雨久花属 *Monochoria*

形态特征　水生草本。叶基生和茎生；叶片形状和大小变化较大，心状宽卵形、长卵形至披针形，长2~7厘米，宽0.8~5厘米，全缘，具弧状脉。总状花序从叶柄中部抽出，该处叶柄扩大成鞘状；花通常3~5朵，蓝色；花被片卵状披针形或长圆形；雄蕊6，其中1枚较大。蒴果卵形至长圆形。花期8~9月，果期9~10月。

分布　产于我国南北各省份。生于稻田、沟旁、浅水池塘等水湿处。

用途　嫩茎和叶可作蔬食，也可作猪饲料。

疣柄魔芋 *Amorphophallus paeoniifolius* (Dennstedt) Nicolson

科名 天南星科 Araceae　属名 魔芋属 *Amorphophallus*

形态特征　多年生草本。块茎扁球形，粗达22厘米。外面鳞叶三角状长圆形，长20厘米，宽10厘米，先端钝或锐尖，基部抱茎；内面鳞叶长31厘米，宽12厘米，倒卵状长圆形。佛焰苞倒圆锥状钟形，肉穗花序棒状，长38厘米；雌花序长13厘米，圆柱形；雄花序倒圆锥形，长10厘米，附属器圆锥状扁球形。花期5月，果期10~11月。

分布　产于云南、广东、广西、台湾。

用途　药用，消肿解毒。

参薯 *Dioscorea alata* L.

科名 薯蓣科 Dioscoreaceae　属名 薯蓣属 *Dioscorea*

形态特征　缠绕草质藤本。茎右旋，无毛，通常有4条狭翅，基部有时有刺。单叶，在茎下部的互生，中部以上的叶对生，纸质，卵形至卵圆形，顶端短渐尖、尾尖或凸尖，基部心形、深心形至箭形，叶柄绿色或带紫红色。雌雄异株，雄花序为穗状花序，雌花的外轮花被片为宽卵形，内轮为倒卵状长圆形。蒴果不反折，三棱状扁圆形。种子四周有膜质翅。花期11月至翌年1月，果期12月至翌年1月。

分布　我国云南、浙江、江西、福建、台湾、湖北、湖南、广东、广西、贵州、四川、西藏等省份常有栽培。

用途　块茎作蔬菜食用。

三叶薯蓣 *Dioscorea arachidna* Prain et Burkill

科名 薯蓣科 Dioscoreaceae　属名 薯蓣属 *Dioscorea*

形态特征　缠绕草质藤本。茎基部有刺，中部以上近无刺，被棕褐色或白色短柔毛，老时变疏或近无毛，但通常在茎节上仍留有棕色短柔毛。掌状复叶有3小叶，有时茎中部以上渐成单叶；小叶片全缘。穗状花序排列成圆锥状。蒴果三棱状长椭圆形，成熟后反折下垂。种子着生于每室中轴顶部，种翅向基部延伸。花期9~10月，果熟期12月至翌年2月。

分布　产于云南。生于海拔890~1480米的常绿阔叶林和沟谷路边灌丛中。

用途　根茎入药，滋养强壮。

三角叶薯蓣 *Dioscorea deltoidea* Wallich ex Grisebach

科名 薯蓣科 Dioscoreaceae　　属名 薯蓣属 *Dioscorea*

形态特征　缠绕草质藤本。茎左旋，新鲜时绿色，干后紫褐色，有明显的纵条纹。单叶互生，叶片三角状心形，通常3裂。花单性，雌雄异株，蒴果长宽几相等，顶端凹入，表面密生紫褐色斑点。种子卵圆形。花期5~6月，果期6~9月。

分布　产于我国云南，西藏的吉隆、聂位木、樟木、波密、昌都。生于海拔2000~4000米的灌木丛中及沟谷阔叶林中。

用途　根状茎含薯蓣皂苷元，是合成甾体激素药物的原料。

龙舌兰 *Agave americana* L.

科名 龙舌兰科 Agavaceae　　属名 龙舌兰属 *Agave*

形态特征　多年生草本。叶呈莲座式排列，肉质，倒披针状线形，长1~2米，中部宽15~20厘米，基部宽10~12厘米，叶缘具有疏刺，顶端有1硬尖刺。圆锥花序长达6~12米；花黄绿色；花被管长约1.2厘米，花被裂片长2.5~3厘米。蒴果长圆形，长约5厘米。

分布　原产美洲热带。产于我国华南及西南各省份，栽培或逸生。

用途　叶纤维供制船缆、绳索、麻袋等。

大花地宝兰 *Geodorum attenuatum* Griff.

科名 兰科 Orchidaceae　　属名 地宝兰属 *Geodorum*

形态特征　地生草本。假鳞茎块茎状，近椭圆形，横卧。叶 3~4 枚，倒披针状长圆形，先端渐尖，基部收狭成柄。花葶从植株基部鞘中发出，总状花序俯垂，花白色，唇瓣中上部柠檬黄色，萼片长圆形，花瓣卵状椭圆形，略短于萼片，唇瓣近宽卵形，凹陷，略舟状，基部具圆锥形的短囊，囊口有 1 枚 2 裂的褐色胼胝体。花期 5~6 月。

分布　产于云南南部和海南。生于林缘，海拔 800 米以下。

用途　观赏。

鹅毛玉凤花 *Habenaria dentata* (Sw.) Schltr

科名 兰科 Orchidaceae　　属名 玉凤花属 *Habenaria*

形态特征　草本。植株高 35~87 厘米。具 3~5 枚疏生的叶，叶之上具数枚苞片状小叶。叶片长圆形至长椭圆形，长 5~15 厘米，宽 1.5~4 厘米，先端急尖或渐尖，基部抱茎。总状花序常具多朵花；花白色，较大，萼片和花瓣边缘具缘毛；花瓣直立，镰状披针形，不裂；唇瓣宽倒卵形，3 裂。花期 8~10 月。

分布　产于云南、安徽、浙江、江西、福建、台湾、湖北、湖南、广东、广西、四川、贵州、西藏。生于海拔 190~2300 米的山坡林下或沟边。

用途　块茎药用，有利尿消肿、壮腰补肾的功效，治腰痛、疝气等症。

砖子苗 *Cyperus cyperoides* (L.) Kuntze

科名 莎草科 Cyperaceae　　属名 莎草属 *Cyperus*

形态特征　多年生草本。秆锐三棱形。叶宽 5~7 毫米，下部常折合；叶鞘紫红色。聚伞花序，具 6~10 个辐射枝；穗状花序宽长圆形或宽卵形；小穗线状披针形；小穗轴具宽翅。小坚果狭长圆形，三棱形。花果期 5~6 月。

分布　产于云南、四川、广东、海南、浙江。生于河边湿地灌丛或草丛中。

用途　不详。

异型莎草 *Cyperus difformis* L.

科名 莎草科 Cyperaceae　　属名 莎草属 *Cyperus*

形态特征　一年生草本。秆丛生，扁三棱形，平滑。叶短于秆；叶鞘稍长，褐色。苞片 2 枚，少 3 枚，叶状；头状花序球形，具极多数小穗；小穗密聚，披针形或线形；小穗轴无翅。小坚果倒卵状椭圆形，三棱形，几与鳞片等长，淡黄色。花果期 7~10 月。

分布　在我国分布很广，云南、东北各省、河北、山西、陕西、甘肃、四川、湖南、湖北、浙江、江苏、安徽、福建、广东、广西、海南均常见到。生于稻田中或水边潮湿处。

用途　全草药用，行气、活血、跌打损伤。

移穗莎草 *Cyperus eleusinoides* Kunth

科名 莎草科 Cyperaceae　属名 莎草属 *Cyperus*

形态特征　多年生草本。秆三棱形。叶宽 6~12 毫米，边缘粗糙。叶状苞片 6 枚；聚伞花序多次复出，第一次辐射枝 6~12 个，第二次辐射枝 3~6 个。穗状花序；小穗线状长圆形，具 6~12 朵花；鳞片卵状椭圆形，顶端具短尖。小坚果倒卵头三棱形，具微凸起细点。花果期 9~12 月。

分布　产于云南、广西、广东、福建、台湾等省份。生于山谷湿地或疏林下潮湿处。

用途　全草药用，止血、散瘀。

碎米莎草 *Cyperus iria* L.

科名 莎草科 Cyperaceae　属名 莎草属 *Cyperus*

形态特征　一年生草本。秆丛生，扁三棱形，基部具少数叶，叶短于秆，叶鞘红棕色或棕紫色。叶状苞片 3~5 枚；穗状花序卵形或长圆状卵形；小穗排列松散；小穗轴上近于无翅；鳞片排列疏松，膜质，宽倒卵形。小坚果倒卵形或椭圆形，三棱形，与鳞片等长，褐色，具密的微凸起细点。花果期 6~10 月。

分布　除青藏高原外几遍布全国，为一种常见的杂草。生于田间、山坡、路旁阴湿处，常见的杂草。

用途　全草药用，祛风除湿，调经利尿。

旋鳞莎草 *Cyperus michelianus* (L.) Link

科名 莎草科 Cyperaceae 属名 莎草属 *Cyperus*

形态特征 一年生草本。秆密丛生，扁三棱形。叶长于或短于秆；基部叶鞘紫红色。苞片 3~6 枚，叶状；小穗卵形或披针形；鳞片螺旋状排列，膜质，长圆状披针形。小坚果狭长圆形，三棱形，长为鳞片的 1/3~1/2，表面包有一层白色透明疏松的细胞。花果期 6~9 月。

分布 产于云南、黑龙江、河北、河南、江苏、浙江、安徽、广东各省份。生于水边潮湿空旷的地方。

用途 全草药用，利湿通淋、行气活血。

南莎草 *Cyperus niveus* Retz.

科名 莎草科 Cyperaceae 属名 莎草属 *Cyperus*

形态特征 多年生草本。根状茎短，秆丛生，三棱形，基部稍膨大成鳞茎状，叶鞘棕色，叶短于秆或有时几与秆等长，苞片 2~3 个，叶状，基部不增大。小穗 6~20 个聚集成头状花序，小穗轴上无翅，鳞片覆瓦状紧密排列。小坚果近于圆形，三棱形。花果期 10 月。

分布 产于云南、四川等省份。生于河岸沙地上。

用途 不详。

香附子 *Cyperus rotundus* L.

科名 莎草科 Cyperaceae　　属名 莎草属 *Cyperus*

形态特征　匍匐根状茎长。秆稍细弱，锐三棱形。叶较多，短于秆，宽 2~5 毫米；鞘棕色，常裂成纤维状。叶状苞片 2~3 枚，常长于花序；穗状花序轮廓为陀螺形；小穗斜展开，线形；鳞片覆瓦状稍密排列，膜质，卵形或长圆状卵形。小坚果长圆状倒卵形，三棱形，长为鳞片的 1/3~2/5，具细点。花果期 5~11 月。

分布　广布于世界各地。产于云南、陕西、甘肃、山西、河南、河北、山东、江苏、浙江、江西、安徽、贵州、四川、福建、广东、广西、台湾等省份。生于山坡荒地草丛中或水边潮湿处。

用途　块茎名为香附子，可供药用；除能作健胃药外，还可以治疗妇科各症。

牛毛毡 *Eleocharis yokoscensis* Tang & F. T. Wang

科名 莎草科 Cyperaceae　　属名 荸荠属 *Eleocharis*

形态特征　多年生草本。秆细密丛生如牛毛毡。叶鳞片状，具鞘。小穗卵形；下部鳞片近 2 列，基部 1 片长圆形，其余鳞片卵形。小坚果狭长圆形，顶端缢缩。花果期 4~11 月。

分布　几遍布于全国。生于水田、池塘边或湿黏土中。

用途　湿地观赏；全草药用、散寒祛痰、活血消肿。

丛毛羊胡子草 *Eriophorum comosum* Nees

科名 莎草科 Cyperaceae　　属名 羊胡子草属 *Eriophorum*

形态特征　多年生草本。秆密丛生，钝三棱形，秆生叶不存在，具多数基生叶，叶片线形，边缘向内卷，具细锯齿，顶端三棱形，叶状苞片长超过花序。小坚果狭长圆形，扁三棱形，顶端尖锐，有喙，深褐色，有的下部具棕色斑点。花果期 6~11 月。

分布　产于云南、四川、贵州、广西、湖北、甘肃等省份。生于岩壁上。

用途　园林造景；全草药用、通经活络。

复序飘拂草 *Fimbristylis bisumbellata* (Forsk.) Bubani

科名 莎草科 Cyperaceae　　属名 飘拂草属 *Fimbristylis*

形态特征　一年生草本。秆密丛生，较细弱，扁三棱形，平滑，基部具少数叶。叶短于秆，宽 0.7~1.5 毫米，平展，顶端边缘具小刺，有时背面被疏硬毛；叶鞘短，黄绿色，具绣色斑纹。叶状苞片 2~5 枚；小穗单生于第一次或第二次辐射枝顶端，长圆状卵形，顶端急尖。小坚果宽倒卵形，双凸状，黄白色，基部具极短的柄，表面具横的长圆形网纹。花果期 7~9 月，个别地区开花期长至 11 月。

分布　产于云南、河北、山西、陕西、山东、河南、湖北、台湾、广东、四川。生于河边、沟旁、山溪边、沙地或沼地，以及山坡上潮湿地方。

用途　全草药用，祛痰定喘，止血消肿。

两歧飘拂草 *Fimbristylis dichotoma* (L.) Vahl

科名 莎草科 Cyperaceae 属名 飘拂草属 *Fimbristylis*

形态特征 一年生草本。秆丛生。叶线形，略短于秆或与秆等长；鞘革质。苞片 3~4 枚，叶状，通常有 1~2 枚长于花序；小穗单生于辐射枝顶端，卵形、椭圆形或长圆形，长 4~12 毫米，宽约 2.5 毫米，具多数花；鳞片卵形、长圆状卵形或长圆形。小坚果宽倒卵形，双凸状，具 7~9 条显著纵肋。花果期 7~10 月。

分布 产于辽宁、山东、河北、江西、湖南、云南、贵州等省份。生于稻田或空旷草地上。

用途 全草药用，清热解毒、利尿消肿。

短叶水蜈蚣 *Kyllinga brevifolia* Rottb.

科名 莎草科 Cyperaceae 属名 水蜈蚣属 *Kyllinga*

形态特征 根状茎外被膜质褐色的鳞片。秆成列散生，扁三棱形，基部具 4~5 个圆筒状叶鞘。叶状苞片 3 枚。穗状花序单个，极少 2 或 3 个，小穗长圆状披针形或披针形，压扁，具 1 朵花。坚果倒卵状长圆形，扁双凸状。花果期 5~9 月。

分布 产于云南、湖北、湖南、贵州、四川、安徽、浙江、江西、福建、广东、海南、广西等省份。生于山坡、路旁、田边草地。

用途 根、叶入药，有疏风解表、清热利湿、化痰止咳、祛瘀消肿的功效。

红鳞扁莎 *Pycreus sanguinolentus* (Vahl) Nees

科名 莎草科 Cyperaceae　　属名 扁莎属 *Pycreus*

形态特征　一年生草本。根为须根。秆密丛生，扁三棱形，平滑。叶稍多，常短于秆，边缘具白色透明的细刺。苞片 3~4 枚，叶状；小穗辐射展开，长圆形。小坚果圆倒卵形，双凸状，稍肿胀，成熟时黑色。花果期 7~12 月。

分布　分布很广，除青藏高原外，几遍全国。生于山谷、田边、河旁潮湿处，或长于浅水处，多在向阳的地方。

用途　不详。

二穗须芒草 *Andropogon distachyos* L.

科名 禾本科 Poaceae　　属名 须芒草属 *Andropogon*

形态特征　多年生草本。秆高 50~80 厘米，纤细，圆柱形或微压扁。叶鞘短柔毛，叶舌膜质，叶片线形。花序由总状花序组成，成对，长 4~14 厘米。花果期秋冬季。

分布　产于云南。

用途　不详。

水蔗草 *Apluda mutica* L.

科名 禾本科 Poaceae　　属名 水蔗草属 *Apluda*

形态特征　多年生草本。叶鞘常具纤毛；叶片长 10~35 厘米，宽 3~15 毫米，先端长渐尖，基部渐狭成柄状。圆锥花序由许多总状花序组成；每 1 个总状花序包裹在 1 个舟形总苞内；正常有柄小穗含 2 小花，无柄小穗两性。颖果长约 1.5 毫米，宽约 0.8 毫米。花果期 6~10 月。

分布　产于西南、华南及台湾等地。生于田边、水旁湿地及山坡草丛中。

用途　幼嫩时可作饲料。

双花草 *Dichanthium annulatum* (Forsk.) Stapf

科名 禾本科 Poaceae　　属名 双花草属 *Dichanthium*

形态特征　多年生草本。秆高 30~100 厘米。叶舌膜质，上缘撕裂状；叶片线形，长 8~30 厘米。总状花序 2~8 枚指状着生于秆顶，长 4~5 厘米；无柄小穗两性，有柄小穗雄性或中性。花果期 6~11 月。

分布　产于云南、湖北、广东、广西、四川、贵州等省份。生于海拔 500~1800 米的山坡草地。

用途　不详。

虎尾草 *Chloris virgata* Sw.

科名 禾本科 Poaceae　属名 虎尾草属 *Chloris*

形态特征　一年生草本。秆无毛，直立或基部膝曲；叶鞘松散包秆，无毛，叶舌长约 1 毫米，无毛或具纤毛；叶线形，两面无毛或边缘及上面粗糙。秆顶穗状花序 5~10 余枚，穗状花序长 1.5~5 厘米；小穗成熟后紫色；颖膜质，1 脉，第 1 颖长约 1.8 毫米；第 2 颖等长或略短于小穗。颖果淡黄色，纺锤形，无毛而半透明。花果期 6~10 月。

分布　产于全国各省份。生于路旁荒野、河岸沙地。

用途　可作观赏；全草药用，清热除湿、杀虫止痒。

薏苡 *Coix lacryma-jobi* L.

科名 禾本科 Poaceae　属名 薏苡属 *Coix*

形态特征　一年生粗壮草本。秆直立丛生，节多分枝。叶鞘短于其节间，无毛；叶舌干膜质；叶片扁平宽大，开展，基部圆形或近心形。总状花序腋生成束。雌小穗位于花序之下部，总苞卵圆形；第 1 颖卵圆形，顶端渐尖呈喙状，具 10 余脉；第 2 颖舟形；外稃与内稃膜质。花果期 6~12 月。

分布　产于我国辽宁以南、西藏以西的湿润及半湿润区。生于湿润的屋旁、池塘、河沟、山谷、溪涧或易受涝的农田等地，海拔 200~2000 米处常见，野生或栽培。

用途　本种为念佛穿珠用的菩提珠子；种仁用于脾虚腹泻、肌肉酸重、关节疼痛等。

橘草 *Cymbopogon goeringii* (Steud.) A. Camus

科名 禾本科 Poaceae 属名 香茅属 *Cymbopogon*

形态特征 多年生草本。秆直立丛生，具3~5节，节下被白粉或微毛。叶鞘无毛；叶舌长0.5~3毫米，两侧有三角形耳状物并下延为叶鞘边缘的膜质部分；叶片线形，扁平，顶端长渐尖成丝状。佛焰苞带紫色；总状花序长1.5~2厘米，向后反折；无柄小穗长圆状披针形。花果期7~10月。

分布 产于云南、河北、河南、山东、江苏、安徽、浙江、江西、福建、台湾、湖北、湖南。生于海拔1500米以下的丘陵山坡草地、荒野和平原路旁。

用途 全草药用，平喘止咳。

龙爪茅 *Dactyloctenium aegyptium* (L.) Beauv.

科名 禾本科 Poaceae 属名 龙爪茅属 *Dactyloctenium*

形态特征 一年生直立草本。叶鞘边缘被柔毛；叶片扁平，长5~18厘米，宽2~6毫米，顶端尖或渐尖，两面被疣基毛。穗状花序2~7个指状排列于秆顶；小穗长3~4毫米，含3小花；第1颖沿脊具短硬纤毛；第2颖顶端具短芒；外稃中脉成脊，脊上被短硬毛。花果期5~10月。

分布 产于华东、华南和中南等各省份。生于山坡或草地。

用途 全草药用，补虚益气。

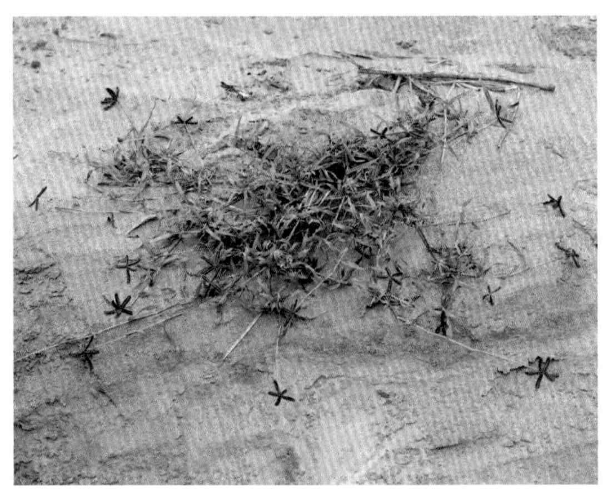

狗牙根 *Cynodon dactylon* (L.) Pers.

科名 禾本科 Poaceae　属名 狗牙根属 *Cynodon*

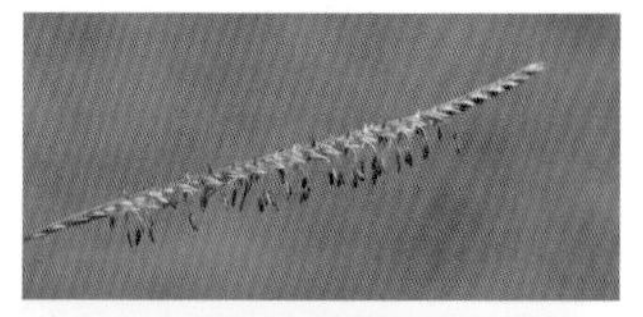

形态特征　低矮草本。秆匍匐地面蔓延生长。叶片线性。穗状花序 3~5，小穗灰绿色或紫色。颖果长圆柱形。花果期 5~10 月。

分布　黄河以南各省。

用途　入药，清热。

光头稗 *Echinochloa colona* (L.) Link

科名 禾本科 Poaceae　属名 稗属 *Echinochloa*

形态特征　一年生直立草本。叶鞘压扁而背具脊；叶片线形，长 3~20 厘米，宽 3~7 毫米。圆锥花序；小穗卵圆形，具小硬毛；第 1 颖三角形，具 3 脉；第 2 颖与第 1 外稃等长而同形，具 5~7 脉；第 1 小花常中性，外稃具 7 脉，内稃稍短于外稃；第 2 外稃椭圆形，边缘内卷包着同质的内稃。花果期 6~10 月。

分布　产于云南、河北、河南、安徽、江苏、浙江、江西、湖北、四川、贵州、福建、广东、广西及西藏。生于田野、园圃、路边湿润地。

用途　可作饲料。

牛筋草 *Eleusine indica* (L.) Gaertn.

科名 禾本科 Poaceae　　属名 穇属 *Eleusine*

形态特征　一年生草本。叶鞘两侧压扁；叶片线形，长 10~15 厘米，宽 3~5 毫米。穗状花序 2~7 个指状着生于秆顶，长 3~10 厘米；小穗长 4~7 毫米，含 3~6 小花；颖披针形；第 1 外稃长脊上有狭翼。花果期 6~10 月。

分布　产于我国南北各省份。生于荒芜之地及道路旁。

用途　本种根系极发达，为优良水土保持植物。

鲫鱼草 *Eragrostis tenella* (L.) Beauv. ex Roem. et Schult.

科名 禾本科 Poaceae　　属名 画眉草属 *Eragrostis*

形态特征　一年生草本。叶鞘鞘口和边缘疏生柔毛；叶片扁平，长 2~10 厘米，宽 3~5 毫米。圆锥花序，小枝和小穗柄上具腺点；小穗卵形至长圆状卵形，含小花 4~10 朵。颖果长圆形，深红色，长约 0.5 毫米。花果期 4~8 月。

分布　产于云南、湖北、福建、台湾、广东、广西等省份。

用途　全草入药，清热凉血；也可作牧草。

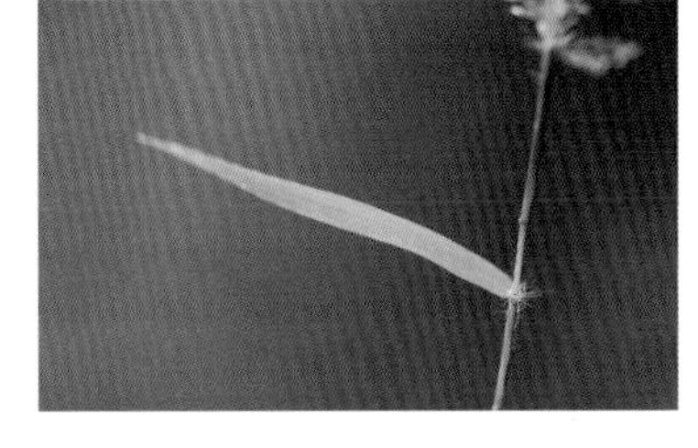

黄茅 *Heteropogon contortus* (L.) P. Beauv. ex Roem. et Schult.

科名 禾本科 Poaceae　　属名 黄茅属 *Heteropogon*

形态特征　多年生草本。叶鞘具脊，鞘口具柔毛；叶片线形，扁平或对折，长 10~20 厘米，宽 3~6 毫米，顶端渐尖或急尖，基部稍收窄。总状花序长 3~7 厘米，诸芒常于花序顶扭卷成 1 束；无柄小穗线形；有柄小穗长圆状披针形，雄性或中性，无芒。花果期 4~12 月。

分布　产于陕西、甘肃以南、华东、华中、华南北部及西南各省份。生于山坡草地，尤以干热草坡特甚。

用途　秆供造纸、编织；根、秆、花可为清凉剂。

千金子 *Leptochloa chinensis* (L.) Nees

科名 禾本科 Poaceae　　属名 千金子属 *Leptochloa*

形态特征　一年生直立草本。叶鞘无毛，短于节间；叶片扁平或卷折，先端渐尖，长 5~25 厘米，宽 2~6 毫米。圆锥花序长 10~30 厘米；小穗含 3~7 小花；颖具 1 脉；外稃顶端钝。颖果长圆球形，长约 1 毫米。花果期 8~11 月。

分布　产于云南、陕西、山东、江苏、安徽、浙江、台湾、福建、江西、湖北、湖南、四川、广西、广东等省份。生于海拔 200~1000 米潮湿处。

用途　可作牧草。

红毛草 *Melinis repens* (Willdenow) Zizka

科名 禾本科 Poaceae 属名 糖蜜草属 *Melinis*

形态特征 多年生直立草本。叶鞘短于节间；叶片线形，长达 20 厘米，宽 2~5 毫米。圆锥花序开展，长 10~15 厘米；小穗被粉红色绢毛；第 1 颖长圆形，具 1 脉；第 2 颖和第 1 外稃被疣基长绢毛，顶端微裂，裂片间生 1 短芒；第 1 内稃膜质，具 2 脊，脊上有睫毛；第 2 外稃近软骨质。花果期 6~11 月。

分布 产于云南、广东、台湾。

用途 园林作观赏；全草药用，清肺热、消肿毒。

类芦 *Neyraudia reynaudiana* (kunth.) Keng

科名 禾本科 Poaceae 属名 类芦属 *Neyraudia*

形态特征 多年生直立草本。叶鞘仅沿颈部具柔毛；叶片长 30~60 厘米，宽 5~10 毫米，顶端长渐尖。圆锥花序长 30~60 厘米；小穗长 6~8 毫米，含 5~8 小花；颖片长 2~3 毫米；外稃顶端具长 1~2 毫米向外反曲短芒；内稃短于外稃。花果期 8~12 月。

分布 产于云南、海南、广东、广西、贵州、四川、湖北、湖南、江西、福建、台湾、浙江、江苏。生于河边、山坡或砾石草地。

用途 园林观赏；幼茎、嫩叶清热利湿，消肿解毒。

圆果雀稗 *Paspalum scrobiculatum* var. *orbiculare* (G. Forster) Hackel

科名 禾本科 Poaceae　　属名 雀稗属 *Paspalum*

形态特征　多年生直立草本。叶鞘无毛，鞘口有长柔毛；叶片长披针形至线形，长 10~20 厘米，宽 5~10 毫米。总状花序长 3~8 厘米；小穗椭圆形或倒卵形，长 2~2.3 毫米；第 2 颖与第 1 外稃等长，具 3 脉；第 2 外稃等长于小穗。花果期 6~11 月。

分布　产于云南、江苏、浙江、台湾、福建、江西、湖北、四川、贵州、广西、广东。生于低海拔的荒坡、草地、路旁及田间。

用途　全草药用，清热利尿。

芦苇 *Phragmites australis* (Cav.) Trin. ex Steud.

科名 禾本科 Poaceae　　属名 芦苇属 *Phragmites*

形态特征　多年生草本。秆高 1~3 米，径 1~4 厘米；叶鞘下部者短于上部者，长于节间；叶舌边缘密生一圈长约 1 毫米纤毛，两侧缘毛长 3~5 毫米，易脱落；叶片长 30 厘米，宽 2 厘米。圆锥花序长 20~40 厘米，宽约 10 厘米；小穗长约 1.2 厘米，具 4 花。颖果长约 1.5 毫米。

分布　产于全国各地。

用途　湿地园林观赏；根状茎清热生津、止呕利尿。

甜根子草 *Saccharum spontaneum* L.

科名 禾本科 Poaceae　　属名 甘蔗属 *Saccharum*

形态特征　多年生。秆中空，具多数节。叶鞘较长或稍短于其节间；叶舌膜质，褐色，顶端具纤毛；叶片线形，长 30~70 厘米，宽 4~8 毫米，基部多少狭窄，无毛，边缘呈锯齿状粗糙。圆锥花序长 20~40 厘米，稠密。花果期 7~8 月。

分布　产于云南、陕西、江苏、安徽、浙江、江西、湖南、湖北、福建、台湾、广东、海南、广西、贵州、四川等热带亚热带至暖温带的广大区域。生于溪流岸边。

用途　根状茎发达，固土力强，能适应干旱沙地生长，是巩固河堤的保土植物；秆供造纸；嫩枝叶是牲畜的饲料。

沟颖草 *Sehima nervosum* (Rottler) Stapf

科名 禾本科 Poaceae　　属名 沟颖草属 *Sehima*

形态特征　多年生草本。秆及其节上无毛。叶鞘无毛或被疣基毛；叶舌不明显，具长 2~3 毫米的纤毛；叶片线形，长 10~25 厘米，宽 3~5 毫米，先端长渐尖。有柄小穗披针形，长 7~10 毫米；第 1 颖革质，先端渐尖，背部扁平，有 5 条隆起的脉，边缘内折成脊并具长纤毛；第 2 颖厚膜质，脉不显。颖果长圆形。花果期夏秋季。

分布　产于云南、广东。生于路边草丛中。

用途　不详。

倒刺狗尾草 *Setaria verticillata* (L.) Beauv.

科名 禾本科 Poaceae　　属名 狗尾草属 *Setaria*

形态特征　一年生草本。叶鞘质薄而软，下部松弛，上部叶鞘包秆较紧；叶舌短；叶片质薄，狭长披针形。圆锥花序紧缩呈圆柱状；小穗绿色；第 1 颖长为小穗的 1/3~1/2；第 2 颖与小穗等长。颖果椭圆状。花果期 6~9 月。

分布　产于云南、台湾等省份。生于海拔 330~1030 米向阳山坡、河谷或路边。

用途　不详。

鼠尾粟 *Sporobolus fertilis* (Steud.) W. D. Glayt.

科名 禾本科 Poaceae　　属名 鼠尾粟属 *Sporobolus*

形态特征　多年生直立草本。叶鞘无毛或边缘纤毛，下部者长于而上部者短于节间；叶片长 15~65 厘米，宽 2~5 毫米。圆锥花序线形，长 7~44 厘米，宽 0.5~1.2 厘米；小穗长 1.7~2 毫米；颖膜质，第 1 颖长约 0.5 毫米，具 1 脉；外稃等长于小穗。花果期 3~12 月。

分布　产于华东、华中、西南及陕西、甘肃、西藏等省份。生于田野、路边、山坡草地及林下。

用途　园林；全草药用、清热解毒、凉血。

苇菅 *Themeda arundinacea* (Roxb.) Ridley

科名 禾本科 Poaceae **属名** 菅属 *Themeda*

形态特征　多年生。秆坚实。叶鞘平滑无毛，具粗脊；叶舌长约 2 毫米，膜质；叶片线形，长 0.5~1 米，宽 1~1.5 厘米，向基渐狭，顶端渐尖，两面粗糙。佛焰苞的总状花序组成多回复出的伪圆锥花序；佛焰苞披针状舟形；总状花序由 7~9 小穗组成。花果期 9 月至翌年 4 月。

分布　产于云南、广西、贵州等省份。生于山坡草丛或山谷湿润处。

用途　园林观赏；根药用，解表散寒、祛风除湿。

棕叶芦 *Thysanolaena latifolia* (Roxburgh ex Hornemann) Honda

科名 禾本科 Poaceae **属名** 棕叶芦属 *Thysanolaena*

形态特征　多年生直立草本。叶鞘光滑无毛；叶片扁平，长 20~60 厘米，宽 3~8 厘米，先端长渐尖，基部心形，几乎抱茎。圆锥花序大型，长 30~70 厘米。小穗长 1.2~1.5 毫米；颖片膜质，长 0.5~0.7 毫米；能育外稃与小穗等长，卵形，具 3 脉；内稃短小，膜质。颖果长圆形，长约 0.5 毫米。

分布　产于云南、贵州、广西、广东、海南、台湾。生于山坡、山谷或树林下和灌丛中。

用途　秆叶可为造纸原料。

锋芒草 *Tragus mongolorum* Ohwi

科名 禾本科 Poaceae　　属名 锋芒草属 *Tragus*

形态特征　一年生草本。叶鞘短于节间，无毛；叶片长 3~8 厘米，宽 2~4 毫米，边缘疏生小刺毛。花序紧密呈穗状，长 3~6 厘米，小穗长 4~4.5 毫米；第 1 颖退化或极小；第 2 颖革质，背部有 5~7 条肋，肋上具钩刺；外稃膜质，长约 3 毫米；内稃较外稃稍短；雄蕊 3 枚，花柱 2 裂，柱头 2。颖果棕褐色，稍扁，长 2~3 毫米。花果期 7~9 月。

分布　产于云南、河北、山西、内蒙古、宁夏、甘肃、青海、四川。生于荒野、路旁、丘陵和山坡草地中。

用途　不详。

类黍尾稃草 *Urochloa panicoides* Beauv.

科名 禾本科 Poaceae　　属名 尾稃草属 *Urochloa*

形态特征　一年生草本。叶鞘被疣基硬毛，边缘一侧密被纤毛；叶片线状披针形至卵伏披针形，长 5~15 厘米，宽 0.5~1.5 厘米，两面疏生疣基刺毛。圆锥花序由 3~10 枚总状花序组成；总状花序长 3~6 厘米；小穗卵状椭圆形；第 1 小花雄性或中性，其外稃与第 2 颖同形同质。花果期 9~10 月。

分布　产于云南、四川。生于草地及湖边潮湿处。

用途　不详。

垫状卷柏 *Selaginella pulvinata* (Hook. et Grev.) Maxim

科名 卷柏科 Selaginellaceae　　属名 卷柏属 *Selaginella*

形态特征　旱生复苏植物，土生或石生，呈垫状。无匍匐根状茎或游走茎，主茎自近基部羽状分枝，侧枝 4~7 对，二至三回羽状分枝，小枝排列紧密。叶全部交互排列，2 型，叶质厚，表面光滑，不具白边，分枝上的腋叶对称，卵圆形至三角形，小枝上的叶斜卵形，侧叶不对称。孢子叶穗紧密，四棱柱形，单生于小枝末端。

分布　产于云南及全国各地。生于石灰岩上。

用途　可入药，通经散血，活血祛瘀、消炎退热。

节节草 *Equisetum ramosissimum* Desf.

科名 木贼科 Equisetaceae　　属名 木贼属 *Equisetum*

形态特征　中小型蕨类。根茎直立、横走或斜升，黑棕色，节和根疏生黄棕色长毛或无毛，地上枝多年生。侧枝较硬，圆柱状。孢子囊穗短棒状或椭圆形，长 0.5~2.5 厘米，顶端有小尖凸，无柄。

分布　产于全国各地。生于湿地、溪边、路旁等地，海拔 100~3300 米。

用途　全草药用，清热利尿、解表散寒、接骨。

蜈蚣凤尾蕨 *Pteris vittata* L.

科名 凤尾蕨科 Pteridaceae　　属名 凤尾蕨属 *Pteris*

形态特征　蕨类草本。叶簇生，同型。一回羽状，裂片30~50对，互生或近对生，披针形，顶端渐尖，基部浅心形，边缘有锯齿；叶柄长10~20厘米，基部密被鳞片，上部至叶轴禾秆色。孢子囊群线形，沿叶缘着生，具有由羽片边缘反卷形成的假囊群盖。

分布　产于秦岭以南各省份。

用途　钙质土及石灰岩的指示植物。

毛叶粉背蕨 *Aleuritopteris squamosa* (Hope et C. H. Wright) Ching

科名 凤尾蕨科 Pteridaceae　　属名 粉背蕨属 *Aleuritopteris*

形态特征　蕨类草本。根状茎短而直立，先端的鳞片披针形，棕色、边缘淡棕色，半透明。叶簇生，叶片五角形，长宽几相等，先端短渐尖，三回羽状深裂，羽片5~7对，彼此以狭翅相连，基部一对羽片最大，近三角形，先端短渐尖，向上斜展，二回羽状深裂，叶上面光滑无毛，下面被雪白色的粉末，被密鳞片覆盖，鳞片阔披针形，边缘具锯齿。孢子囊群由少数孢子囊组成。

分布　产于云南中部（元江、新平、双柏）。生于干热河谷的林下土壁上，海拔700~1000米。

用途　全草药用，健脾胃，补中益气。

参考文献

中国科学院中国植物志编辑委员会，1959—2004. 中国植物志（http://frps.eflora.cn)[M]. 北京：科学出版社.

中国科学院昆明植物研究所，1977—2005. 云南植物志（http://db.kib.ac.cn/eflora/View/plant/YNSpecis.aspx)[M]. 北京：科学出版社.

金振洲，2002. 滇川干热河谷与干暖河谷植物区系特征[M]. 昆明：云南科技出版社.

金振洲，欧晓昆，2000. 元江、怒江、金沙江、澜沧江干热河谷植被[M]. 昆明：云南大学出版社.

朱华，2022. 云南植被多样性研究[J]. 西南林业大学学报（自然科学），42(1): 1–12.

马焕成，伍建榕，郑艳玲，等，2020. 干热河谷的形成特征与植被恢复相关问题探析[J]. 西南林业大学学报（自然科学），40(3): 1–8.

杨济达，张志明，沈泽昊，等，2016. 云南干热河谷植被与环境研究进展[J]. 生物多样性，24（4）: 462–474.

吴征镒，朱彦丞，1987. 云南植被[M]. 北京：科学出版社.

中文名索引

学名索引